COMPTE-RENDU

DES TRAVAUX

DE L'ASSOCIATION

POITEVINE ET SAINTONGEOISE,

Réunie en Congrès, à Niort,

LES 24, 25, 26, 27 ET 28 NOVEMBRE 1844.

NIORT,

IMPRIMERIE DE ROBIN ET Cie, LIBRAIRES,

RUE SAINT-JEAN, N° 6.

—

1845.

COMPTE-RENDU

DES TRAVAUX

DE L'ASSOCIATION

POITEVINE ET SAINTONGEOISE,

Réunie en Congrès, à Niort,

LES 24, 25, 26, 27 ET 28 NOVEMBRE 1844.

NIORT,
CHEZ ROBIN ET Cie, LIBRAIRES ET LITHOGRAPHES,
RUE SAINT-JEAN, N° 6.

—

1845.

Association Poitevine et Saintongeoise.

PROGRAMME

DES QUESTIONS

SOUMISES AU CONGRÈS DE NIORT.

Première Partie.

ENQUÊTE. — CULTURE.

1° L'état de l'Horticulture et les moyens d'en étendre les bienfaits jusque dans les campagnes les plus éloignées des villes.

2° Les assolemens qui sont et devraient être suivis.

3° Les proportions qui existent et devraient exister, des prairies artificielles et naturelles entr'elles et par rapport aux terres arables, et le nombre des bestiaux comparativement à la quantité d'hectares de terre.

4° L'extension qu'a prise et devrait prendre la culture des plantes sarclées et principalement des betteraves et des pommes de terre.

5° Les instrumens aratoires en usage, les perfectionnemens apportés et les effets obtenus.

6° Les plantations de mûriers et l'élève des vers à soie.

ENGRAIS ET AMENDEMENS.

7° Les engrais, leur efficacité relative, les soins qu'on

leur donne, leur mode d'emploi, la quantité employée par hectare et les améliorations à y apporter.

8° La chaux, son application, son mode d'emploi et ses effets.

9° Les marnes et l'utilité dont serait leur usage.

BESTIAUX.

10° La race chevaline, les soins qu'on lui donne, les avantages respectifs de ses différens produits, l'éducation de ses produits, les avantages de faire naître ou d'élever, les croisemens ou l'amélioration de certaines races.

11° Les races asine et mulassière.

12° La race bovine, son mode d'élevage et d'éducation, les avantages ou les inconvéniens d'un croisement.

13° La race ovine, ses produits en laine, l'âge auquel on l'engraisse, et les avantages que pourraient offrir soit des croisemens, soit la substitution d'autres races.

14° La race porcine indigène et les moyens soit de l'améliorer, soit de lui en substituer d'autres plus avantageuses.

15° Les vaches laitières, les produits qu'elles fournissent et pourraient fournir, et le mode de fabrication du beurre et du fromage.

16° L'exercice de l'art vétérinaire.

SUJETS DIVERS.

17° Les marais, les fourrages qu'ils produisent, leur emploi pour l'alimentation des bestiaux et les avantages que pourrait offrir leur desséchement.

18° Les irrigations et les localités où elles pourraient être praticables et efficaces.

19° La production des vins et eaux-de-vie, et si elle est en souffrance, les causes et le remède.

20° Le rendement en céréales comparativement à la quantité de semence et d'hectares cultivés, d'engrais ou d'amendemens employés.

21° Les baux à ferme, leurs clauses, leur durée et les moyens de les améliorer dans l'intérêt, tant des propriétaires que des fermiers.

22° L'état des chemins vicinaux, les effets des prestations en nature et l'application de la loi du 21 mai 1836.

Deuxième Partie.

QUESTIONS A EXAMINER.

1° Y a-t-il nécessité de donner un grand développement à l'instruction théorique et pratique de l'Agriculture, et de la propager dans toutes les classes de la société? et quels seraient les meilleurs moyens à employer pour atteindre ce but?

2° Quelle est l'influence des capitaux en Agriculture, et quels moyens seraient praticables et le plus efficaces pour les y attirer, et fonder le crédit agricole?

3° Est-il utile ou non d'apporter des entraves au morcellement de la propriété?

4° Quelle influence exercent, sur l'Agriculture, le parcours et la vaine pâture?

5° L'embrigadement des gardes-champêtres produirait-il de bons effets sur la police rurale?

6° Quels moyens employer pour détruire la mendicité dans les campagnes? Ne pourrait-on pas utiliser les mendians valides, ainsi que les orphelins, à des travaux agricoles?

7° Quels seraient les moyens d'améliorer les conditions matérielle et morale des classes agricoles?

8° Est-il nécessaire qu'il soit créé un ministère spécial de l'Agriculture.

Et 9° Les encouragemens accordés à l'Agriculture sont-ils suffisans? et reçoivent-ils une destination rationnelle?

Les travaux du Congrès ont commencé le 24 novembre à midi; en ouvrant la séance, M. LARY, vice-président de la Société d'Agriculture des Deux-Sèvres, explique la nature et le but de la réunion, dans l'allocution suivante :

MESSIEURS,

En vous réunissant aujourd'hui en séance extraordinaire, en appelant à son aide non seulement l'expérience de ses correspondans mais encore les lumières des agronomes qui, dans les contrées voisines, pressent avec ardeur les progrès de l'art agricole, la Société d'Agriculture a eu pour but de jeter les bases d'une vaste association et de préparer les matériaux qui doivent en cimenter les liens, en coordonner les travaux. Il est donc nécessaire, préalablement à toute discussion, de vous faire connaître d'abord le caractère officiel et légal de cette réunion, puis les matières qui vont être soumises à vos délibérations et qui, si elles ne sont pas immédiatement épuisées, deviendront, plus tard, les élémens des méditations ultérieures de l'association. Appelé presqu'à l'improviste à présider des débats aussi importans, je n'apporte ici, Messieurs, qu'un dévoûment éprouvé à la place d'une préparation suffisante à laquelle le temps a complètement failli; j'espérais qu'une main plus habile et plus sûre conduirait nos délibérations, j'espérais me borner au rôle passif d'observateur afin de pouvoir recueillir en silence les fruits abondans que me promettait cette intéressante réunion; mais des circonstances impérieuses m'ayant désigné pour une mission toute active, je dois avouer que, pour la remplir avec convenance et dignité, je compte moins sur ma valeur personnelle que sur votre bienveillant et sympathique concours; je le réclame donc cet appui, non avec cette confiance qui se dissimule souvent sous les apparences d'une modestie douteuse, mais avec la prévision bien nette des difficultés réelles qui pourraient éclore d'une situation improvisée et délicate, si l'indulgente assistance que j'invoque venait à défaillir.

Vous le savez, Messieurs, les associations scientifiques et agricoles ne datent pas d'aujourd'hui; vous connaissez les beaux travaux de la Société française qui, en explorant annuellement une partie de notre sol, appelle l'attention publique sur des faits intéressans qui auraient été condamnés peut-être à un éternel oubli, provoque l'émission des idées utiles, et fait surgir à la publicité des noms ignorés, des capacités modestes à qui il ne manquerait, pour étonner leurs contemporains, que de la confiance et de l'audace; vous connaissez tout ce que promettent les succès naissans des associations normande et bretonne, qui, placées sous la protection de noms chers à la science agricole et soutenues de l'intelligent appui du ministre de l'agriculture, ont rapidement atteint cette maturité, cette plénitude de formes que le temps seul semblerait devoir produire. Emue par ces faits remarquables, encouragée contre les chances d'un échec par d'aussi heureux antécédens, la Société d'Agriculture des Deux-Sèvres accueillit avec intérêt la proposition qui lui fut faite de resserrer par des liens plus nombreux encore les relations de bon voisinage déjà existantes entre les cinq départemens de l'Ouest que limitent, au nord et au midi, la Loire, la Vienne et la Gironde; cette riche contrée, formant le fragment le plus important de l'ancienne Aquitaine, devait se plier, sans effort, sous les lois d'une association semblable, parce que là semblent vivre encore l'unité de langage, la conformité des habitudes, et surtout une communauté réelle dans les usages et les intérêts agricoles; un projet d'une si haute portée devait être et fut mûrement étudié; des statuts furent arrêtés et soumis à l'approbation des sociétés agricoles placées dans cette circonscription; bientôt des adhésions nombreuses, honorables, vinrent donner à ces statuts une respectable sanction; l'association naissait enfin, mais pour en légaliser, pour en consacrer à jamais l'existence, une sanction non moins nécessaire devait être immédiatement invoquée; elle le fût; des délais que la Société d'Agriculture ne pouvait prévoir, et que ses vives instances n'ont pu prévenir, ont failli compromettre non les destinées de l'association mais les promesses que cette première réunion nous avait fait concevoir. La lecture de la correspondance ministérielle que je vais avoir l'honneur de vous faire passer sous les yeux, doit non seulement calmer les inquiétudes qui auraient pu se manifester, mais donner à nos espérances un nouvel aliment; une formalité négligée a suspendu seule l'autorisation du ministre, et s'il ne nous est pas permis de donner à nos réunions le nom, l'appareil et les formes d'un congrès, nous pouvons légalement, sous des formes moins imposantes sans doute, conférer sur toutes les questions qu'embrasse la science agricole, ce droit étant inhérent à l'institution même de la Société d'Agriculture. En conséquence, nous discuterons avec le programme que nous avons soumis à votre examen, les bases de la future association et les moyens propres à la faire régulièrement et utilement fonctionner; nous désignerons la localité et l'époque où le premier congrès devra se réunir, et si par la justesse de nos prévisions, par la sagesse et la maturité de nos délibérations, nous parvenions à fonder une institution durable, notre mission, bien qu'aujourd'hui incomplète et néanmoins assez belle encore, ne paraîtrait pas indigne de la reconnaissance des nombreux amis de l'agriculture.

Mais, avant d'ouvrir l'arène où vont se heurter des avis divers, et où doit cependant, dans l'intérêt même de la vérité, se déployer largement la dissidence des opinions rivales, veuillez me permettre d'exposer succinctement la manière dont j'envisage le but que nous nous proposons et les moyens de l'atteindre. A mes yeux, l'expansion des bonnes méthodes, l'importation des instrumens éprouvés et des races d'élite, en un mot, le perfectionnement de ce que l'on pourrait appeler le matériel de l'agriculture, ne doivent constater que l'impuissance de vos efforts, si vous n'arrachez pas en même temps l'habitant de nos campagnes à l'ignorance qui l'abrutit, aux vices qui le dégradent, au découragement qui en est la suite et qui relâche à jamais les ressorts de ce qui pourrait lui rester encore de son énergie primitive.

Je l'avoue, l'homme par la jouissance d'un bien-être

continu peut parfois devenir plus facilement accessible aux bonnes pensées, ouvrir plus volontiers son cœur aux vertueuses inspirations, mais ce n'est là qu'un heureux accident, et le sage philosophe se gardera bien de fonder un plan d'amélioration sur cette base mouvante; la méthode inverse par laquelle on s'empare d'abord des sentimens pour agir sur la volonté me paraît la seule efficace, parce qu'elle est la seule fondée sur la connaissance du cœur humain. Je dois me borner, Messieurs, à vous indiquer ce point de vue, à le recommander à vos méditations, et m'interdire des développemens qui m'entraîneraient prématurément au cœur de la question; cette matière nous reviendra inévitablement sous la main, car c'est le pivot de tout le système que nous cherchons à fonder.

Une autre erreur contre laquelle je désirerais que nous fussions prémunis, c'est la facile et malheureuse tendance qui entraîne certaines assemblées à formuler des vœux hors de proportion avec les besoins réels, et compromet ainsi par une exagération déplacée le succès de la meilleure cause. Nous resterons donc dans le vrai pour être justes, pour être écoutés. Si nous faisons un appel à la munificence de l'autorité, si l'intérêt de l'agriculture nous conduit à désirer et à provoquer l'érection de quelques utiles institutions, que la modération de nos demandes arrête la pensée d'un refus qu'on ne saurait raisonnablement justifier; nos tentatives pourront échouer, nos espérances seront peut-être déçues, mais nous aurons du moins conservé l'avantage d'une bonne position, d'où, plus tard, nous pourrons tenter avec plus de succès la fortune des luttes administratives.

Je ne me serais pas permis ces courtes réflexions, si je

n'avais été persuadé que je parlais à des hommes de conviction, de dévoûment, et bien disposés à m'absoudre de mon vif désir de voir enfin cette noble cause s'affermir sur les bases immuables de la justice et de la vérité; à des hommes trop amis de la liberté de discussion, pour s'étonner que dans l'expression d'une opinion franche, sincère, on apperçoive les allures d'une indépendante fermeté.

PROCÈS-VERBAUX.

Séance du 24 novembre.

Le 24 novembre 1844, les membres de la Société d'agriculture des Deux-Sèvres auxquels se sont joints plusieurs agronomes des départemens voisins, se sont réunis pour fonder l'Association poitevine et saintongeoise projetée depuis longtemps par la Société d'Agriculture de Niort, et pour ouvrir le premier Congrès de cette Association.

Étaient présens au bureau : MM. Lary, vice-président de la Société d'Agriculture des Deux-Sèvres; M. Bouscasse, délégué de la Société d'Agriculture de la Rochelle et du Comice d'Aytré ; M. de Vielbanc, membre du conseil-général des Deux-Sèvres, et M. Maichain, secrétaire.

M. le Président ouvre la séance : il lit un discours dans lequel il expose le but qu'a eu la Société d'agriculture de jeter les bases d'une vaste association agricole entre les cinq départemens des Deux-Sèvres, de la Vienne, de la Charente, de la Charente-Inférieure et de la Vendée. Des statuts furent immédiatement fournis aux associations agricoles de ces cinq départemens et reçurent leur approbation ; des adhésions nombreuses et honorables suivirent cette approbation, et la sanction de l'autorité supérieure fut immédiatement invoquée. Depuis, des retards imprévus l'ont fait ajourner, et bien que le jour fixé pour la première réunion soit arrivé, cette sanction n'est point encore parvenue, cependant comme cette autorisation ne peut être refusée, et que M. le ministre tout en regrettant de n'avoir pu la donner encore, promet une subvention pour le congrès qui aura lieu en 1845, M. le Président annonce à l'assemblée que l'on va passer immédiatement, au sein même de la Société d'Agriculture, à la discussion des nombreuses questions contenues dans le programme, et qu'alors, tout en usant des droits acquis, on verra surgir un travail tout aussi complet, et qu'on aura ainsi préparé les voies à la future association.

M. le Président donne ensuite communication de la correspondance ministérielle, et de la lettre de M. le Préfet qui l'engage à se renfermer dans les voies de la légalité.

Un membre propose de se constituer immédiatement sous le nom de Congrès, et de procéder tout de suite à la formation d'un bureau définitif.

M. le Président consulte l'assemblée, qui décide presqu'à l'unanimité, que la réunion conservera le titre de séance extraordinaire de la Société d'Agriculture, et qu'il n'y aura pas lieu à la formation d'un nouveau bureau.

M. le Président fait connaître par quelle marche on

procède ordinairement dans les congrès, et propose de nommer deux sections qui s'occuperaient séparément, des questions de culture et des questions de bestiaux.

M. Hérissé propose d'aborder de suite le programme et de discuter immédiatement les questions qu'il contient.

M. le Président consulte l'assemblée:

Il est décidé qu'on se divisera en deux sections, la 1re, de culture; la 2me, des bestiaux, et qu'on se réunira ensuite en séance générale pour entendre les travaux des deux sections, et discuter les questions d'intérêts généraux.

M. Sauzeau demande que les sections se réunissent à des heures différentes afin que tous les membres puissent également en faire partie.

Il est décidé que la première section de culture se réunira demain à huit heures; que la deuxième, des bestiaux, se réunira à midi, et que les bureaux séparés des deux sections formeront, avec le bureau de la Société d'agriculture, le bureau de la séance générale qui aura lieu à deux heures.

M. le Président propose de nommer une commission composée des délégués des cinq départemens, qui serait chargée d'organiser le prochain congrès de l'association; cette proposition est adoptée et renvoyée à la prochaine séance.

La séance est levée.

Le Président,	*Le Secrétaire,*
LARY.	**J. MAICHAIN.**

Séance du 25 novembre.

Étaient au bureau : MM. Lary, vice-président de la Société d'Agriculture ; Larclause, président de la 1re section ; de Sainte-Hermine, président de la 2e section ; Sauzeau, de Lauzon et Maichain, secrétaires.

M. le président ouvre la séance.

M. le secrétaire lit le procès-verbal de la séance du 24. Cette lecture donne lieu à quelques observations de la part de l'assemblée qui décide qu'on laissera au bureau le soin de faire lui-même les modifications qui sont jugées convenables.

M. le président propose de nommer la commission chargée d'organiser le prochain congrès ; on procède à cette élection.

Sont nommés pour le département de la Charente-Inférieure, M. Bouscasse ; pour la Vienne, M. Larclause ; pour la Vendée, M. de Sainte-Hermine ; pour la Charente, M. de Vielbanc. L'assemblée décide en outre que le bureau de la Société d'Agriculture de Niort sera chargé de représenter les Deux-Sèvres dans cette commission.

M. le président donne communication de l'hommage fait par M. Jules Rieffel, d'une brochure sur l'organisation de l'Agriculture.

M. le président lit ensuite un mémoire sur la première question du programme relatif à la propagation de l'enseignement agricole. Il propose, comme le moyen qui lui paraît le plus convenable, la création d'un institut agricole par département, et l'enseignement de la science élémentaire par la voie des instituteurs primaires.

M. Biard fait observer que depuis longtemps déjà on

demande des instituts agricoles, que ce moyen, très bon en lui-même, a toujours rencontré des obstacles insurmontables, qu'il serait à désirer qu'on en trouvât un autre dont l'exécution fût plus facile, et surtout plus prompte, et que ce moyen serait, selon lui, d'attacher une chaire d'Agriculture aux écoles normales.

M. de la Roulière dit qu'une demande de ce genre a déjà été faite pour l'école normale de Parthenay, et que M. le ministre a répondu qu'il n'attachait de chaires semblables qu'aux écoles normales, voisines d'instituts agricoles. M. de la Roulière voudrait qu'on émît le vœu qu'il soit immédiatement attaché une chaire d'agriculture à toutes les écoles normales d'instituteurs primaires.

M. de Sainte-Hermine adopte complètement la proposition de M. le président, mais il craint que l'exécution n'en soit longue et difficile, et il voudrait qu'on insistât davantage sur la proposition de M. de la Roulière.

M. Plasse combat l'établissement d'instituts agricoles; ce moyen est très coûteux et d'une exécution difficile; de plus il serait impossible, selon lui, de trouver assez de professeurs capables d'enseigner. D'un autre côté, c'est moins l'ignorance des bonnes méthodes de culture que celle des bonnes races de bestiaux, qui s'oppose aux progrès de l'agriculture dans les campagnes.

Il voudrait qu'il y eût au chef-lieu de chaque département un médecin-vétérinaire chargé d'enseigner la connaissance des bonnes races de bestiaux.

M. Larclause fait observer que la proposition de M. Plasse est une proposition subsidiaire, qui ne doit venir qu'après celle de M. de la Roulière.

M. de Sainte-Hermine considère que l'éducation des

bestiaux, et par suite la connaissance exacte des races est, sans contredit, une partie importante de l'enseignement agricole, et que la proposition de M. Plasse, loin d'être un obstacle à celle de M. de la Roulière, deviendrait au contraire son complément; il croit seulement que le professeur d'agriculture, attaché à l'école normale, devrait également enseigner la connaissance des bestiaux, et qu'il serait, par conséquent, inutile de demander la création d'une nouvelle chaire.

M. Lara-Minot partage entièrement l'opinion de M. de Sainte-Hermine, et demande que l'assemblée soit appelée à émettre un vœu.

M. de Vielbanc fait observer que jusqu'à présent on n'a envisagé la question que sous un point de vue spécial, l'*enseignement pratique de l'agriculture*, qu'il faudrait la reprendre de plus haut et y répondre, telle qu'elle est posée dans le programme: *par quels moyens propager l'enseignement agricole dans toutes les classes de la société?*

Toutes les classes de la société doivent être appelées, en effet, à partager cet enseignement, parce qu'alors l'activité de ceux qui possèdent, dirigeant la force de ceux qui travaillent, il y aura communauté d'intérêts, et la mise en commun de ces deux puissances augmentera le bien-être général.

Il voudrait donc qu'il n'y eût pas seulement de professeurs d'agriculture dans les écoles normales, mais bien encore dans toutes écoles publiques, afin que toutes les classes pussent y prendre part, et que plus tard, les instituteurs primaires, rentrant en rapport direct avec les associations agricoles, il y eut enfin communauté de vue, et que l'instruction devînt générale.

M. Lary, en proposant l'enseignement agricole par la voie des instituteurs primaires a compris que cet enseignement était destiné à toutes les classes de la société, puisque toutes sont également appelées à recevoir l'enseignement primaire.

M. le Président consulte l'assemblée, qui émet le vœu qu'il soit créé un institut agricole dans chaque département, et que, dans le cas où l'exécution de cette mesure entraînerait trop de lenteur, il soit immédiatement attaché une chaire spéciale d'agriculture à toutes les écoles normales.

Personne ne demandant la parole sur la deuxième et la troisième question, relatives à l'application des capitaux à l'Agriculture, au morcellement de la propriété, au parcours et à la vaine pâture, ces questions sont renvoyées à demain.

M. le président offre la parole sur la quatrième question, relative à l'opportunité de l'embrigadement des gardes-champêtres.

M. Decollard dit que dans l'état actuel des choses, les gardes-champêtres sont exclusivement les hommes des maires et des conseils municipaux, qu'ils ne font exactement que ce qui leur est ordonné de faire, et qu'il y a urgence à apporter un prompt remède à la manière dont s'opère la police rurale dans les campagnes. Il propose, en conséquence, l'embrigadement des gardes-champêtres.

M. de Sainte-Hermine fait observer que, plusieurs fois déjà, on a pensé à cet embrigadement, et que l'objection la plus grave qu'on ait rencontrée, est la crainte de porter atteinte au pouvoir municipal, en lui enlevant la faculté de choisir lui-même ses gardes-champêtres.

M. de la Roulière oppose également la question de

finances, qui est d'une haute gravité et qu'il a été impossible de résoudre encore.

M. de Vielbanc dit que déjà l'embrigadement des gardes-champêtres a été soumis à la chambre des députés et aux conseils-généraux, et qu'au sein de ces différentes assemblées, on a toujours été arrêté par les considérations qui viennent d'être émises.

M. le président consulte l'assemblée, qui émet le vœu que dans l'intérêt de la police rurale il y ait un embrigadement général des gardes-champêtres.

La séance est levée.

Le Président, **Lary.** | *Le Secrétaire,* **J. Maichain.**

Séance du 26 novembre.

Étaient au bureau : MM. Lary, vice-président de la Société d'Agriculture ; Larclause, président de la 1re section ; de Sainte-Hermine, président de la 2e section ; Sauzeau, de Lauzon et Maichain, secrétaires.

Il est donné lecture, par le secrétaire, du procès-verbal de la séance précédente, il est adopté sans réclamations.

MM. les secrétaires de la première et de la deuxième section, donnent ensuite successivement lecture des procès-verbaux de leurs sections, qui ont été déjà adoptés dans chacune d'elles.

M. de Sainte-Hermine a la parole. Il lit un mémoire sur l'emploi à faire de tous les biens communaux en France. Après avoir établi la nécessité reconnue de tous qu'il y a d'apporter un prompt changement à l'état de chose existant, il cite, à l'appui de son opinion, l'avis de plus de soixante conseils généraux qui tous ont été unanimes sur cette matière; l'auteur du mémoire jette ensuite un coup d'œil rapide sur le département de la Vendée, dont quarante-cinq communes seulement, possèdent une superficie de 7394 hectares de terrains communaux, dont l'estimation est évaluée à 6,937,884 fr.; tous ces terrains privés de toute espèce de culture, ne produisent, pour la plupart, que de mauvais pâturages, quand ils pourraient, s'ils étaient livrés à l'industrie privée, être transformés rapidement en riantes prairies, en plaines riches et fertiles! M. de Sainte-Hermine retrace ensuite l'origine de tous ces communaux qui, la plupart, ont été concédés par les seigneurs aux communes dans l'intérêt des classes pauvres et laborieuses. Il faut donc poursuivre le but proposé par les donataires et s'attacher à retirer de ces terrains, le plus grand bien-être possible au profit des classes malheureuses.

Quatre moyens sont indiqués pour arriver à livrer les communaux à l'industrie privée.

1° Le partage gratuit entre les habitans.

2° Le partage moyennant une redevance annuelle.

3° La location.

4° La vente.

M. de Sainte-Hermine passe en revue les avantages et les inconvéniens de chacune de ces mesures. Après avoir fait ressortir le danger des unes, l'injustice des autres, il s'attache à démontrer que le moyen le plus rationnel, et qui peut en même temps tourner le plus au profit des communes est sans contredit la vente.

Il n'y a que des propriétaires qui pourront consentir à faire sur ces terrains les dépenses nécessaires à leur transformation, ce n'est donc que par la vente que l'on pourra y parvenir; de plus, le travail nécessaire à cette transformation, compensera de beaucoup les faibles ressources qui revenaient à chaque malheureux, et, à l'aide des capitaux provenant de ces ventes, les communes pourront créer et entretenir les établissemens si utiles à l'humanité : des hospices, des bureaux de bienfaisance, de distributions d'alimens, de médicamens, des ateliers de charité, des écoles, des salles d'asile.

M. de Sainte-Hermine se résume en demandant que l'assemblée émette le vœu que le gouvernement provoque les mesures législatives nécessaires pour faciliter la vente des biens communaux, et forcer les communes qui ne comprendraient pas assez leurs intérêts, d'arriver à cette aliénation si nécessaire.

M. Teilleux demande la parole. S'emparant du raisonnement de M. de Sainte-Hermine, il dit : Ce n'est pas seulement au profit du présent qu'il faut faire tourner les avantages des propriétés communales; ces propriétés appartiennent encore à l'avenir, à la commune, être moral et impérissable, et sous ce rapport, il croit plus avantageux pour les communes, de rester possesseurs de leurs biens, en les donnant à ferme aux classes malheureuses, moyennant une rétribution qui s'augmenterait rapidement. Dans le cas de vente, il y aurait danger en outre pour les communes d'éprouver une perte considérable, si les revenus de leurs capitaux venaient à subir une réduction.

M. de Vielbanc : Tout se tient en économie, faire produire le plus possible au profit de tous, tel est la loi générale, il faut donc s'attacher à retirer des propriétés communales, le plus grand avantage possible au profit des communes. Il pense que, par le moyen des fermages mis en adjudication, le revenu qu'on pourrait en tirer serait au moins égal à celui des capitaux provenant de la vente, et dans ce cas il y aurait avantage à conserver la propriété. Il pourrait se faire, du reste, que la juste pensée d'égaliser les charges de l'état entre les capitalistes et les possesseurs du sol, amenât une réduction des capitaux, et, dans ce cas alors, les propriétés de la commune s'augmenteraient d'autant. Il croit cependant qu'il y aurait avantage à vendre pour la commune, dans le cas où les revenus seraient de trop peu d'importance et nullement en rapport avec ses besoins.

M. de Sainte-Hermine fait observer qu'il a envisagé principalement la question sous le point de vue agricole, et que sous ce rapport la vente est le seul moyen praticable en faveur de l'Agriculture.

En effet, toutes les propriétés communales ne sont, la plupart, que des landes arides et incultes, ou des marais insalubres, les uns et les autres ne peuvent être soumis à une bonne culture qu'après des améliorations sans nombre, des dépenses immenses que les communes ne pourraient supporter; il faut donc les vendre pour laisser faire à ceux qui le peuvent, les sacrifices pécuniaires indispensables; autrement l'agriculture n'y gagnerait rien, et les ressources qu'on en tirerait seraient de peu d'importance.

M. Sauzeau dit qu'on est d'accord sur les principes mais non sur les moyens, il répète les argumens de M. de Sainte-Hermine pour ou contre la vente, et pense que le moyen le plus favorable à l'agriculture serait le fermage sur adjudication avec les conditions d'améliorations nécessaires au sol affermé.

M. de Vielbanc modifie sa première proposition, et voudrait qu'on étendit la vente à toutes les propriétés qui, par les dépenses qu'elles exigeraient, ne seraient pas susceptibles d'être soumises à une bonne culture.

M. Bouscasse cite à l'appui de la proposition de M. de Sainte-Hermine, une commune aux environs de la Rochelle qui, depuis plusieurs années cherche par la location à tirer avantage d'un communal, et qui n'a pu encore y parvenir.

M. Biard voudrait qu'en cas de vente il y eut une transformation de la propriété, et qu'elle fut convertie en fermes-modèle ou autres établissemens profitables à la commune.

M. de Sainte-Hermine fait observer qu'en conseillant le placement des fonds sur l'état, il a indiqué ce moyen sans exclusion de tout autre, qui, selon les circonstances, pourrait être plus utile.

M. Decollard redoute pour les communes une réduction de revenus sur les capitaux.

M. Lary cite la commune de Bessines, près Niort, qui, il y a longtemps déjà, a vendu une propriété communale en se réservant le parcours, après l'enlèvement de la première coupe; qu'il est résulté de cette opération un bénéfice net égal au produit de la vente, puisque le parcours dont jouit encore la commune a conservé à peu près la même importance.

M. le président pose la question pour la mettre aux voix.

Il formule la proposition de M. de Sainte-Hermine, qui veut vendre toutes les propriétés communales, afin de les livrer à l'industrie privée, et leur faire produire le plus possible.

Cette proposition est amendée de deux manières, la première par M. Sauzeau, qui veut substituer à la vente le fermage à long bail sur adjudication, avec condition d'amélioration.

La deuxième par M. de Vielbanc, qui veut qu'on afferme seulement dans le cas où la location suffirait grandement aux besoins des communes, et où les terrains affermés seraient déjà susceptibles d'une bonne culture.

Le premier amendement est mis aux voix et rejeté.

Le deuxième est adopté.

En conséquence, sur la proposition de M. de Sainte-Hermine, amendée par M. de Vielbanc, l'assemblée émet le vœu que le gouvernement provoque les mesures législatives nécessaires pour arriver à la vente des biens communaux, dans les cas où la location ne suffirait pas aux besoins des communes, et où les terrains ne seraient pas déjà susceptibles d'une bonne culture.

La séance est renvoyée à demain.

Le Président, **LARY.**

Le Secrétaire, **J. MAICHAIN.**

Séance du 27 novembre.

Étaient au bureau, MM. Lary, vice-président de la Société d'Agriculture; Bouscasse et de Sainte-Hermine, présidens des 1re et 2me sections.

Le procès verbal de la dernière séance est lu et adopté.

La parole est ensuite donnée à MM. les secrétaires des deux sections pour la lecture des procès-verbaux de leurs séances qui déjà ont été adoptés.

La parole est à M. de Sainte-Hermine sur cette question du programme : *Quelle influence exercent sur l'agriculture le parcours et la vaine pature?*

M. de Sainte-Hermine établit d'abord la distinction qu'il y a entre le parcours et la vaine pature : le premier est un droit qui s'exerce de commune à commune, tandis qu'au contraire le second s'exerce de propriétaire à propriétaire sur tous les terrains non-clos et dépouillés de leur récolte. Il est cependant certaines contrées de la France, le Poitou par exemple, où les propriétaires ont la facilité d'empêcher l'exercice de ce droit sur les champs qu'ils veulent préserver, en traçant autour un sillon ou tout autre signe conventionnel. Il n'en est pas de même pour les prés non-clos, là, c'est à peine si les propriétaires ont le temps d'enlever la première récolte, après quoi, ces propriétés sont livrées pour les trois quarts de l'année au moins, au droit de vaine pâture et ne peuvent subir aucune amélioration. La loi de 1791 accorde, il est vrai, aux propriétaires le droit de se clore, mais ils sont empêchés le plus souvent de mettre ce droit à exécution par la nécessité de livrer passage à leurs voisins ou d'en acheter pour eux-mêmes à des conditions souvent fort onéreuses; d'un autre coté, les clôtures qui, malgré ces obstacles, se multiplient chaque jour, font peser encore davantage le droit de vaine pâture sur les propriétés non closes.

Quarante-trois conseils généraux, et notamment ceux de la circonscription de l'association se sont prononcés pour la suppression de la vaine pâture, trois seulement ont été d'un avis contraire, il y a donc presque unité de vue. Quelques raisons puissantes viennent cependant s'opposer à la suppression complète de la vaine pâture dans les plaines. Tous les petits propriétaires et les bordiers entretiennent à l'aide de cette coutume, un petit troupeau de moutons, qui le plus souvent est leur unique ressource et il serait cruel de leur enlever aussi subitement cette source de bien-être, du moins sans compensation. D'un autre côté ne serait-ce pas en même temps porter atteinte à la production de la laine et de la viande de mouton.

D'après ces considérations, M. de Sainte-Hermine propose à l'assemblée d'émettre le vœu qu'on supprime immédiatement le droit de vaine pâture dans les prés non-clos. Relativement aux plaines, il croit que la question n'étant pas suffisamment étudiée, il y a lieu d'attendre et de généraliser seulement l'usage qui existe dans quelques parties du Poitou et de la Saintonge, de pouvoir se préserver du droit de vaine pâture en traçant autour de son champ un sillon ou toute autre signe conventionnel.

M. Maichain fait observer que la vaine pâture est également très nuisible aux plaines, parce que, dans les contrées où l'agriculture commence à entrer en progrès, les champs ne sont jamais tous à la fois dépouillés de leur *récolte*, et que la difficulté qu'il y a alors de préserver les champs, non dépouillés, de l'atteinte des animaux, entraîne souvent une perte considérable pour les propriétaires.

M. Lary cite l'exemple de plusieurs communes qui se sont entendues toutes ensemble pour supprimer la vaine pâture.

M. Decollard dit que le signe conventionnel dont a parlé M. de Sainte-Hermine, est souvent insuffisant pour préserver du droit de vaine pâture, et il voudrait que, s'il n'y a pas de suppression immédiate, les propriétaires eussent le droit d'empêcher cette servitude, partout où, conformément à la loi existante, cet usage ne serait pas consacré.

M. Sauzeau déplore l'usage de la vaine pâture, mais il pense qu'une loi sur cette matière serait au moins prématurée. L'Agriculture est encore trop arriérée; quelle fasse des progrès, et naturellement on verra s'éteindre seul le droit de vaine pâture. Relativement aux prés, l'inconvénient qu'il signale n'existant pas, M. Sauzeau demande avec M. de Sainte-Hermine, qu'il y ait une snppression immédiate du droit de vaine pâture dans les prés non-clos.

M. Lary dit que M. Sauzeau prend la cause pour l'effet, et que c'est la vaine pâture au contraire qui s'oppose aux progrès de l'agriculture.

M. Decollard propose d'étendre également aux plaines, la suppression proposée pour les prés.

M. le Président divise la question.

Et après deux votes séparés sur le droit de vaine pâture dans les prés et dans les plaines, l'assemblée émet le vœu que le gouvernement soit appelé à provoquer les mesures législatives nécessaires pour empêcher la vaine pâture dans les prés, et généraliser l'usage qui existe dans le Poitou et une partie de la Saintonge, de pouvoir se préserver de ce droit dans les plaines en traçant autour des champs, un sillon ou tout autre signe symbolique.

M. le président annonce qu'on va passer à la discussion des paragraphes 6 et 7 du programme, ainsi conçus:

6° Quels moyens employer pour détruire la mendicité dans les campagnes; ne pourrait-on pas utiliser les mendians valides ainsi que les orphelins à des travaux agricoles?

7° Quels seraient les moyens d'améliorer les conditions matérielle et morale des classes agricoles ?

M. Lary fait observer que ces deux questions se rattachent l'une à l'autre, et qu'il importe de les examiner en même temps.

Il lit une proposition relative à la seconde question, *le moyen d'améliorer la condition morale des classes agricoles.* L'instruction est, selon lui, la base de toute amélioration, et c'est elle que l'on doit toujours s'efforcer de faire grandir. A peine ont-ils atteint l'âge de 14 ans, que les enfans des campagnes ne reçoivent plus aucune instruction, et que tous leurs instans de repos sont entièrement consacrés à l'oisiveté qui, le plus souvent, entraîne après elle l'immoralité.

Il faut créer, dans les écoles primaires, une classe d'adultes où les enfans au-dessus de 14 ans viendront chercher, à leurs momens de repos, indépendamment des notions d'Agriculture, des leçons de bonne morale religieuse et sociale.

M. Sauzeau dit que le moyen indiqué par M. Lary est sans doute très efficace, mais qu'il ne suffit pas seulement de penser à l'avenir, qu'il faut encore veiller au présent et chercher à améliorer la condition matérielle de la génération qui nous entoure.

M. Lary voudrait qu'on discutât sa proposition spéciale.

M. de la Roulière demande la parole sur la discussion générale. Ce n'est pas seulement la population des campagnes qui *exerce l'industrie* de la mendicité, c'est surtout celle des villes qui se répand dans les campagnes, et fait peser sur les populations agricoles un impôt lourd et injuste. Il croit donc qu'un des moyens les plus sûrs pour réprimer la mendicité dans les campagnes, serait d'empêcher les mendians de sortir de leurs communes, et de faire peser au loin une misère qu'il est difficile de pouvoir justifier.

Une autre cause non moins puissante s'oppose à la moralisation des populations des campagnes, c'est le colportage dangereux des mauvais livres; la plupart des livres achetés dans les campagnes sont vendus par des colporteurs qui, le plus souvent, répandent les ouvrages les plus dangereux et les plus immoraux : il faudrait appeler sur les colporteurs une serveillance des plus sévères.

M. l'abbé Picard voudrait l'amélioration morale par une bonne éducation religieuse, et l'amélioration matérielle par l'enseignement agricole. Il voudrait que les prêtres reçussent cet enseignement dans les séminaires, pour le transmettre ensuite dans les campagnes; il voudrait également, dans l'intérêt de la sûreté publique et de la morale, qu'on empêchât les cabarets de recevoir la nuit les jeunes gens qui, le plus souvent, vont y puiser des leçons de débauche et d'immoralité. Il faudrait aussi s'en tenir aux jours fériés reconnus par le concordat de 1801, pour ne pas exposer les fermiers à des pertes souvent très considérables quand leurs domestiques abusent de ces fêtes pour se livrer au repos. Enfin, une autre condition indispensable de moralisation dans les campagnes, est la délivrance de livrets de bonne conduite aux domestiques.

M. de Sainte-Hermine donne son entière approbation à la proposition de M. Lary; les causes de démoralisation signalées par M. de la Roulière sont également très puissantes; il faut donner une bonne direction au colportage des livres dans les campagnes ; il faut refaire une littérature populaire ; le gouvernement devrait proposer des encouragemens aux auteurs des meilleurs livres à l'usage des campagnes. Ces moyens sont insuffisans, il veut appeler l'attention de l'assemblée sur l'établissement des colonies agricoles. Il cite un rapport au roi, lu par M. le ministre de l'agriculture en 1832 sur la création des colonies agricoles. M. le ministre cite les bons résultats obtenus en Hollande et en Belgique, à l'aide de ces établissemens. Une commission fut nommée à la suite de ce rapport, et depuis on n'en a plus entendu parler.

On a recueilli cependant depuis, des renseignemens sur les avantages qu'on peut en tirer, et récemment encore on a publié à l'académie des sciences morales et politiques, les résultats avantageux de la colonie d'Oswald.

M. de Sainte-Hermine termine en appelant l'attention de tous les esprits sérieux sur la création de colonies agricoles.

M. de Vielbanc : Le paupérisme et la mendicité ne sont point seulement un mal matériel, mais un mal moral répandu dans toute la société ; la charité légale, quelque forme qu'on lui donne, ne peut donc être qu'un palliatif. Le remède est plus élevé ; sans doute il faut au besoin, du travail pour le pauvre, des asiles de bienfaisance, des caisses d'épargnes, des banques de secours, des colonies agricoles, tous les moyens sont bons, mais il faut les appliquer avec prudence et les approprier aux besoins réels ; on doit également travailler à préparer la prospérité des générations futures, en dirigeant l'éducation de toutes les classes de la société, du riche comme du pauvre.

Cette éducation doit être divisée en deux grandes classes :

La première, religieuse, civile, industrielle, pour celui qui possède;

La seconde, religieuse, civile, professionnelle, pour celui qui travaille.

Celui qui a le capital, apprendra ainsi à le diriger avec certitude, en même temps que celui qui est appelé à donner la forme à la matière, sera initié à son art ; et les uns et les autres confondront leur force et leur énergie pour le triomphe du bien général.

Ainsi donc le travail pour tous, la morale et la légalité pour tous, tel est le seul moyen d'arriver au progrès et de faire marcher avec plus de certitude l'humanité vers une destinée meilleure.

La séance est levée, et la discussion renvoyée à demain.

Le Président, *Le Secrétaire*,

LARY. **J. MAICHAIN.**

Séance du 28 Novembre.

Étaient au bureau : MM. LARY, président ; BOUSCASSE et DE SAINTE-HERMINE, présidens des 1re et 2e sections ; DE LAUZON, SAUZEAU et MAICHAIN, secrétaires.

Le procès-verbal de la séance précédente est lu et adopté.

La parole est ensuite donnée à MM. les secrétaires des 1re et 2e sections, pour la lecture de leurs procès-verbaux qui déjà ont été adoptés. L'ordre du jour appelle la continuation de la discussion relative à l'extinction de la mendicité dans les campagnes.

La parole est à M. Sauzeau. Il formule ainsi sa proposition :

Pour abolir la mendicité dans les campagnes ;

Considérant qu'il est incontestable que la mendicité est un fléau pour les campagnes ;

Considérant qu'il est également incontestable que les campagnes produisent moins de mendians que les villes, que même, dans nos contrées, on peut dire que les campagnes n'en fournissent que fort peu ;

Considérant que, pour détruire les effets, il faut s'attaquer aux causes, en respectant tout à la fois les droits sacrés de la propriété, et ceux non moins sacrés de l'humanité ;

Considérant que le travail est un remède efficace, en ce qu'il n'est pas de travail improductif, surtout quand il est appliqué à la terre ;

L'assemblée émet le vœu :

1° Que les villes imitent l'exemple donné par celles de Saintes et de Poitiers, où l'on est venu à bout d'abolir la mendicité ;

2° Que les communes rurales viennent respectivement au secours de leurs mendians invalides, et fournissent de l'ouvrage aux mendians valides et aux orphelins, soit par des ateliers de travail, soit par des colonies agricoles, fondées sur une échelle proportionnelle aux besoins de chaque localité, pour améliorer la condition matérielle et morale des classes agricoles.

L'assemblée, tout en reconnaissant que l'instruction est un puissant remède, émet le vœu que les riches propriétaires veuillent bien faire opérer les défrichemens et tous les travaux que comportent leurs propriétés respectives, de manière à procurer aux ouvriers des campagnes le travail qui, dans l'état actuel des choses, est le moyen le plus puissant tout à la fois de moralisation et de bien-être.

M. le président donne lecture de la lettre suivante de M. Bonnin, président du Comice agricole de Civray et de Charroux, et député de l'arrondissement de Civray.

Monsieur,

Aussitôt que le projet de l'Association poitevine m'a été connu, je me suis empressé d'y adhérer, et j'ai eu l'honneur d'écrire, à ce sujet, à M. le président du Comice agricole de Niort. J'ai l'honneur de vous réitérer mon adhésion à cette association. Mon désir et mon dessein arrêté étaient d'aller assister au Congrès; une indisposition qui m'est survenue ne me permet pas de faire le voyage de Niort en ce moment. J'éprouve cependant le besoin de payer mon tribut, de concourir à l'œuvre éminemment utile que vous entreprenez.

J'ai parcouru les diverses questions qui sont posées dans le programme; je me suis arrêté à celle qui me semble contenir et dominer toutes les autres, l'enseignement agricole. En laissant à la discussion le soin de débattre les moyens d'application, voici dans quelles idées il me semble que l'on pourrait édifier notre système d'instruction agricole :

Un institut agricole placé dans le département central de l'association;

Une ferme-école dans chacun des cinq départemens;

Une ou plusieurs fermes, colonies ou fermes-asiles, adjointes à la ferme-école, ou séparées d'elles, dans chaque département.

L'institut serait le point central et nécessaire de la conservation et du progrès de la science agricole. L'importance des cinq départemens formant l'Association justifie cette création; l'enseignement théorique et pratique y serait complet. Les facilités de communication déjà existantes, et celles qui vont naître, pourraient permettre que les mêmes professeurs fissent aussi quelques cours théoriques dans les grands centres de population où ils seraient appelés, donnassent des consultations agricoles et se transportassent, au besoin, dans les fermes où leurs avis seraient demandés; toutes circonstances qui amélioreraient la position des professeurs eux-mêmes, en répandant l'instruction agricole. Plusieurs professeurs de Grignon habitent à deux ou trois lieues de distance de l'école.

Les professeurs et les directeurs des fermes-écoles et des fermes-colonies seraient pris particulièrement parmi les élèves de l'institut, qui nous créerait aussi des ingénieurs agricoles, classe de savans si désirable pour nous et si appréciée en Italie, qui en compte, dit-on, 400 à Milan.

Quelques-uns des cinq départemens possèdent déjà des fermes-écoles. La Charente en a une : il ne s'agirait que de la compléter et d'en établir une pour chacun des cinq autres départemens qui n'en possèdent pas. Ici, ce serait un enseignement théorique et pratique du second degré, qui devrait ouvrir un large cadre, et où l'exécution réelle d'un travail utile, pendant quelques heures de la journée, pourrait entrer en considération pour l'abaissement du prix de pension (s'il n'y a moyen de dispenser d'un prix de pension).

Ce serait là l'école usuelle du propriétaire-cultivateur et du fermier.

La ferme-colonie, ou ferme-asile, devrait se lier à l'extinction de la mendicité; et, en recevant une partie des indigens que l'on croirait pouvoir y faire entrer, pourrait aussi devenir un lieu de dépôt et d'éducation pour les enfans trouvés de chaque département. La Vienne a déjà deux établissemens de ce genre.

Les dépenses de ces divers établissemens s'ordonneraient ainsi rationellement: l'institut, à charge commune, entre les cinq départemens, en prenant pour règle ce qui se pratique pour les écoles normales primaires, lorsque plusieurs sont réunies pour l'entretien de la même école. Du reste, l'intérêt est assez puissant pour que MM. les ministres de l'agriculture et de l'intérieur concourent à cette dépense. La Bretagne, pour ses cinq départemens, en a un qui lui est nécessaire, et dont nous la félicitons; et, si l'on alléguait l'insuffisance des allocations au budget, je suis convaincu qu'il suffirait d'en faire connaître la destination aux chambres, pour qu'il y fut convenablement pourvu.

Les fermes-écoles et les fermes-colonies, en restant liées par des rapports bienveillans et des patronages avec l'institut, seraient uniquement des charges séparées et attributives à chaque département qui les posséderait, sauf son appel au concours des ministres de l'agriculture et de l'intérieur.

Les fonds offerts aux établissemens de bienfaisance, dans les budgets de l'état, dans les budgets départementaux et communaux, joints aux sommes employées pour les enfans trouvés, en s'alliant à une organisation simple, économique et bien ordonnée, suffiraient pour pourvoir aux divers besoins, sans dépenses extraordinaires. Ces diverses questions sont importantes et liées entr'elles. Leur solution favorable serait pour nous immense dans ses conséquences. J'appellerai la discussion sur cet objet; il ne pourra en résulter que d'utiles lumières.

Mais comme il faut un concours positif, pour arriver à un résultat profitable, je demanderai que le Congrès désigne trois de ses membres, au moins, par chacun des cinq départemens formant l'association, et invite MM. les préfets des cinq départemens à désigner chacun un délégué à leur place, s'ils ne peuvent y concourir eux-mêmes. Pour ce, vingt délégués devraient se réunir pendant la session prochaine à Paris avec les députés des cinq départemens, se concerter sur l'organisation de ces divers moyens d'instruction agricole, et intervenir auprès des divers ministères pour réclamer le concours que chacun d'eux peut y apporter.

Le temps et le lieu me paraissent opportuns par divers motifs, et par ceux-ci surtout, que l'on annonce la réunion prochaine du Conseil général d'agriculture. Le Congrès central aura aussi lieu à la même époque. Tous les moyens d'investigation pour ce qui a été fait en France, ou sur d'autres points, y sont faciles. Avant même de prendre une décision sur l'organisation qu'il convient d'adopter, il ne serait pas hors de toute possibilité d'envoyer quelques-uns de MM. les membres du Congrès visiter soit en France, soit à l'étranger, les établissemens agricoles déjà fondés, s'enquérir de tout ce qui y a été fait pour l'agriculture, en demandant au ministre de l'agriculture d'adjoindre à cette mission quelqu'un désigné par lui, et de faire supporter par l'état les frais de cette enquête agricole, en un mot faire pour l'instruction agricole ce que l'on a fait pour l'instruction primaire, dont la loi a été rédigée d'après l'exploration de M. Cousin, en Allemagne et en Hollande, et sur les idées émises dans son rapport.

De cet ensemble d'action et du mouvement ainsi donné, il ne peut résulter qu'une impulsion profitable. Du reste, les discussions qui vont se produire au Congrès, fourniront d'utiles lumières et de précieux renseignemens, qui seront d'abord consultés. Il faudrait arriver à ce résultat : que le travail convenu entre les cinq départemens, serait préparé pour être présenté aux Conseils généraux de ces cinq départemens, dans leur session de 1845.

Je restreins à ces termes les observations que j'ai l'honneur de soumettre au Congrès ; elles comporteraient un long développement, mais il me suffira de les avoir produites.

Agréez, M. le président, l'expression de mes sentimens les plus distingués.

Bonnin,

Président du Comice agricole de Civray et de Charroux,
et Député de l'arrondissement de Civray.

La Boblière, le 24 novembre 1844.

Après la lecture de cette lettre, M. le président appelle l'attention de l'assemblée sur les propositions qu'elle contient.

M. de Sainte-Hermine fait observer que ces diverses propositions, fort importantes, comporteraient de très longs développemens, et que le temps qui reste à consacrer au Congrès, et surtout l'absence de leur auteur, ne permettent pas, selon lui, qu'on se livre à leur discussion.

Sur l'observation de M. de Sainte-Hermine, l'assemblée prend en très grande considération les propositions de M. le député de l'arrondissement de Civray, et décide que sa lettre sera textuellement insérée dans les procès-verbaux des séances.

Il est passé à l'ordre du jour.

M. de Sainte-Hermine formule deux propositions, pour *l'amélioration des conditions matérielles et morales des classes agricoles*, et pour arriver au moyen de *détruire la mendicité dans les campagnes.*

Ces deux propositions, qui résultent de la discussion qui déjà a eu lieu à ce sujet consistent, pour la première partie, à demander la création: 1° d'une classe d'adultes dans toutes les communes où ce moyen sera reconnu praticable; 2° qu'il soit pourvu à la publication d'ouvrages à la portée des classes rurales dans lesquelles seraient enseignées les connaissances rurales, qu'il est important de connaître dans toutes les classes de la société, et qu'il soit apporté une surveillance des plus actives sur les colporteurs de livres qui parcourent les campagnes.

Dans la seconde proposition, M. de Sainte-Hermine voudrait appeler l'attention du gouvernement sur les colonies agricoles intérieures.

M. de la Roulière formule à son tour les propositions suivantes :

1° L'assemblée reconnaît que les mendians les plus habituels dans les campagnes, sont les habitans des villes et les étrangers à la commune.

Elle émet le vœu qu'on défende aux mendians valides de vagabonder hors de leur commune, et que les maires cessent de donner des certificats de complaisance qui favorisent souvent cette déplorable industrie.

2° Les colporteurs de toute espèce forment une classe de mendians à charge pour l'habitant de la campagne. Les métayers sont obligés de les nourrir et de les loger. C'est un véritable impôt auquel il serait souvent dangereux de se soustraire. L'assemblée désire que, sans porter atteinte à la liberté de l'industrie, on prenne des mesures pour en diminuer le nombre, et qu'ils soient soumis à une surveillance active.

3° Les colporteurs les plus dangereux sont les marchands de livres. Si l'instruction est un bienfait que nous devons chercher à répandre, la propagation des mauvais livres est un fléau qu'il faut chercher à combattre. L'assemblée invite l'autorité à surveiller activement les colporteurs, à punir sévèrement ceux qui vendent des livres immoraux et irréligieux.

Il serait à désirer qu'ils ne pussent vendre que les livres qui sont contrôlés par le Comité supérieur d'instruction primaire dans chaque arrondissement.

4° Comme il est urgent de favoriser la morale dans les campagnes, d'interdire les assemblées ou ballades non autorisées, notamment celles connues sous le nom de *bourses*, l'administration devrait être fort difficile pour accorder de nouvelles autorisations d'assemblées.

M. l'abbé Picard veut qu'il soit intervenu auprès des évêques, pour les engager à rappeler l'exécution stricte du concordat du 24 messidor, an XII, qui veut qu'il n'y ait d'appelées aux fêtes supprimées, que les personnes auxquelles leur travail n'est pas nécessaire.

M. Decollard craint qu'il y ait du danger à aborder cette question.

M. l'abbé Biard fait observer que cette annonce est presque toujours faite dans les campagnes.

M. Sauzeau: Dans beaucoup de localités, ces fêtes occasionnent le plus souvent des pertes de temps considérables pour le fermier, en conséquence, j'appuie la proposition de M. l'abbé Picard.

M. l'abbé Picard ajoute que, du reste, ces fêtes ne sont le plus souvent que des prétextes pour les domestiques paresseux ou indociles, et toujours des occasions de débauches et d'immoralité.

M. Charlot fait observer que la suppression de ces fêtes doit être l'objet d'un contrat entre les maîtres et les serviteurs.

M. de Sainte-Hermine formule la proposition émise par M. l'abbé Picard.

M. le président met successivement aux voix les différentes propositions qui ont été produites dans le cours de la discussion.

Après le rejet des unes et l'adoption des autres, l'assemblée, afin d'arriver à l'extinction de la mendicité dans les campagnes, émet les vœux suivans :

1° Qu'il soit interdit aux mendians valides d'exercer leur *coupable industrie* hors de leur commune.

2° Que les communes rurales viennent respectivement au secours de leurs mendians invalides, et fournissent de l'ouvrage à ceux valides et aux orphelins ; dans ce but, l'assemblée signale l'établissement des colonies agricoles intérieures. Dans un rapport au Roi du 6 novembre 1832, M. le ministre du commerce et des travaux publics a établi que, comme asile, comme correction, comme répression, l'institution des colonies agricoles offrait à la société des garanties que les maisons de refuge et les prisons correctionnelles étaient loin de présenter, sous les rapports moraux et matériels, et qu'elle était le principal remède à apporter au paupérisme et à la mendicité. Suivant un rapport de M. le maire de Strasbourg, communiqué à l'académie des sciences morales et politiques, en septembre dernier, par M. Girard, membre de cette académie, une colonie agricole établie près de Strasbourg obtiendrait les résultats les plus satisfaisans.

L'assemblée émet le vœu qu'il soit donné suite au projet qui avait été formé en 1832 par le gouvernement, d'examiner le système des établissemens connus en Belgique et en Hollande sous le nom de colonies agricoles, et préparer le plan d'établissemens analogues en France.

L'assemblée, dans le but d'améliorer les conditions matérielles et morales des classes agricoles, émet le vœu :

1° Que des classes d'adultes soient organisées dans toutes les communes où ce moyen sera reconnu praticable;

2° Que, pour satisfaire au besoin d'instruction que doit nécessairement faire naître le grand développement donné à l'enseignement primaire, le gouvernement s'occupe de favoriser, par tous les moyens à sa disposition, la publication d'ouvrages à la portée des classes rurales, dans lesquels seraient enseignées, sous des formes simples et claires, les notions de morale, d'agriculture, de géologie, d'astronomie, d'économie publique, d'histoire, de géographie, qu'il est essentiel de connaître dans toutes les classes de la société; qu'une surveillance des plus actives soit exercée, par l'autorité, sur les colporteurs qui parcourent les campagnes, et vendent dans les foires et marchés, et jusque dans les plus petits villages, des livres absurdes ou infâmes.

La régénération de cette littérature populaire paraît à l'assemblée l'une des plus urgentes améliorations à notre époque, où, suivant le vœu de la loi, tous les hommes doivent apprendre à lire et à écrire ; sans cette régénération, l'instruction primaire ne serait qu'un don funeste, une arme dangereuse, un moyen de développer surtout parmi les populations simples et honnêtes des campagnes les mauvaises passions, les erreurs qui affligent depuis si longtemps l'humanité !...

M. le président appelle l'attention de l'assemblée sur l'art. 9 du programme :

Les encouragemens accordés à l'agriculture sont-ils suffisans, et reçoivent-ils une destination rationelle ?

Sur cette question, M. Lary prend la parole et développe ainsi son opinion :

Pendant longtemps l'agriculture a été considérée comme faisant à peine partie de l'administration publique ; le commerce et l'industrie obstruaient toutes les avenues du pouvoir, absorbaient son attention, épuisaient ses largesses ; des paroles éloquentes, parties de la tribune nationale, et surtout de la presse, ont protesté avec chaleur contre cet oubli immérité. Des idées plus justes se sont fait jour ; on a bien voulu enfin reconnaître que la culture du sol pouvait seule réparer les maux de la patrie, cicatriser ses plaies, lui faire oublier ses pertes. Ce tardif hommage rendu au premier des arts annonçait une réparation prochaine ; et en effet une subvention un peu moins mesquine, en faveur de l'agriculture, témoignait d'un heureux retour de l'opinion publique, prouvait des sentimens plus bienveillans de la part des dépositaires de l'autorité. M. le ministre de l'agriculture affirmait naguère qu'un progrès réel se faisait remarquer dans toutes les branches de l'économie agricole; je crois l'assertion fondée, mais je ne me hâte pas d'en conclure que cet heureux résultat n'a d'autre fondement que les encouragemens ministériels; je serais bien plus disposé à en attribuer la gloire à l'ardeur toujours croissante des nombreuses associations agricoles qui couvrent la France, et surtout à ce tact de la population, qui la porte instinctivement vers tout ce qui peut accroître son bien-être.

Quoiqu'il en soit, il me paraît démontré que les encouragemens accordés à l'agriculture sont hors de toute proportion avec l'étendue des besoins à satisfaire; je crois, de plus, que la répartition de ces encouragemens, qui n'a jamais subi l'épreuve d'une discussion publique, n'a souvent que des motifs difficiles à justifier; je pense qu'il serait digne de la haute impartialité du ministre de répandre d'une manière plus égale, plus uniforme, les bienfaits dont il est le dispensateur. Pour ne parler que de faits à ma connaissance et qu'on ne peut contester, je dirai l'injuste traitement dont nous avons eu à nous plaindre. L'un de nos plus importans départemens, sous le rapport agricole, celui des Deux-Sèvres, recevait, il y a peu d'années, une subvention annuelle de 8,000 fr.; il a vu successivement réduire cette subvention, qui n'est plus aujourd'hui que de 3,200 fr.; encore la menace-t-on d'une nouvelle diminution, et par un contraste que rien ne justifie, que rien n'explique, ce resserrement dans les largesses du ministre a justement coïncidé avec la libéralité de la chambre des députés, qui a élevé de 500,000 à 800,000 fr. la dotation trop faible encore de l'agriculture : cependant il est peu de départemens où le zèle des comices soit plus digne d'encouragemens.

Enfin, si l'on veut que les associations agricoles produisent tout le fruit qu'on a droit d'en attendre, il faut en régulariser les efforts, il faut les fondre dans une vaste organisation de l'agriculture à laquelle on puisse donner le nom d'administration ; il faut pour cela augmenter la dotation d'un million, et en soumettre la répartition au contrôle public.

Telles sont les considérations que je m'étais promis de présenter à votre judicieuse appréciation ; elles ont déjà obtenu le suffrage de la Société d'agriculture ; j'espère qu'elles ne paraîtront pas indignes du vôtre.

L'assemblée prenant en considération les motifs exprimés par M. le président, est d'avis que la subvention agricole est insuffisante ; elle émet, en conséquence, le vœu que cette subvention soit non-seulement augmentée, mais plus également répartie.

M. le président lève la séance et prononce la clôture de la session (1).

(1) Voir la fin du compte-rendu.

Ire SECTION.

CULTURE.

Séance du 25 novembre.

Sous la présidence provisoire de M. Lary, la section procède à la nomination d'un président, d'un vice-président et d'un secrétaire.

M. Larclause est nommé président ;

M. Bouscasse, vice-président ;

M. de Lauzon, secrétaire.

Après avoir pris place au bureau, les membres désignés remercient la section de la confiance qu'elle veut bien leur accorder.

M. le Président ayant déclaré la Séance ouverte, appelle la discussion sur la première question du programme ainsi conçue : « *De l'état de l'horticulture et des moyens d'en* « *étendre les bienfaits jusque dans les campagnes les plus* « *éloignées des villes.* »

M. Lary prend la parole et annonce qu'il se propose de traiter cette question dans un travail qui embrasse la question plus générale de la propagation des méthodes d'agriculture, qu'il doit communiquer à la séance générale du même jour.

M. Biard s'étend sur la nécessité d'améliorer, dans les

campagnes, les fruits et les légumes, qui, en général, y sont de fort mauvaise qualité. Il pense, d'accord en cela avec les observations des médecins, qu'on doit attribuer à cette incurie, à cette vicieuse culture, les désordres que l'on remarque dans l'état sanitaire des populations rurales.

M. Larclause tout en constatant le fâcheux état de l'horticulture dans les départemens qui font partie de l'Association, a reconnu cependant qu'elle y a fait des progrès remarquables depuis quelques années.

Indépendamment de la culture maraichère qui s'y est améliorée, il a parlé des nombreuses variétés de beaux et excellens fruits qui y avaient été introduits, et qui se trouvaient dans plusieurs pépinières et notamment dans les siennes (1).

Nul pays ne convient mieux, a-t-il dit, à la végétation des arbres fruitiers que le Poitou. Des poiriers séculaires, presque aussi beaux et aussi majestueux que les plus beaux chênes de nos forêts, se font remarquer dans beaucoup de fermes; à côté se trouvent des pommiers dont la vigueur leur cède peu, et cependant, dans ces fermes, on n'a pas ou on n'a que des fruits détestables, inutiles pour les hommes, et que les animaux mêmes ne peuvent manger.

« Ces arbres protestent contre l'indifférence ou l'ignorance des fermiers, ils ne donnent qu'un ombrage inutile, sinon nuisible, tandis qu'ils devraient être la source de richesses précieuses.

(1) La Société d'Agriculture de la Vienne a décerné, il y a trois ans, une médaille d'or à M. Larclause, pour la variété, la richesse et la bonne tenue de ses belles plantations d'arbres fruitiers.

« Ils abondaient chez moi comme ailleurs, et maintenant leur métamorphose est complète. Ils ont perdu leurs vieux rameaux, qui ont été remplacés par des branches chargées, chaque année, des fruits les meilleurs et les plus nouveaux.

« On est impatient de jouir de ce qu'on désire sans le connaître. Eh bien! ces arbres prêtent, avec un succès certain, leur sève aux variétés de fruits nouvellement conquis. Leurs têtes abattues sont bientôt remplacées par un grand nombre de jeunes branches, qui reçoivent l'écusson ou la greffe la première ou la seconde année, et qui, en peu de temps se couvrent de fruits. Quelques-uns de ces arbres forment mon école d'*expérimentation*; d'autres consacrés à une seule variété de fruits, jugée bonne, remplissent mon fruitier de leurs beaux produits. C'est ainsi que le beurré d'Aremberg, le beurré magnifique, la duchesse d'Angoulême même, se récoltent par hectolitres sur mes vieux poiriers, et forment, par leur nouveauté, un contraste frappant avec l'énorme grosseur de l'arbre qui les produit.

« Je conseille donc de couper la tête aux vieux poiriers qui se trouvent partout dans les dépendances des fermes, de bien recouvrir avec l'onguent forsith ou autrement, les parties de l'arbre mises à nu par l'enlèvement des branches, et de greffer sur ces arbres pleins de sève et de vigueur les variétés de poires qui s'accommodent du plein vent, et d'abondantes récoltes de très bon fruit récompenseront le cultivateur de la peine très légère qu'il aura prise.

« Pour le pommier il faut plus de soin; si on lui enlève la tête, sa sève a de la peine à forcer la vieille écorce, elle ne peut s'y ouvrir un passage, elle reflue vers le pied, elle soulève cette même écorce qui cesse d'être adhérente, et souvent l'arbre périt.

« Je n'ai trouvé qu'un moyen d'éviter cet inconvénient, c'est de ménager une partie de la tête de l'arbre en coupant l'autre. La sève n'est pas obligée de réparer immédiatement le dommage ; elle s'engage d'abord dans les branches conservées, et plus tard elle détermine sur les parties coupées, la sortie de plusieurs petits bourgeons destinés à recevoir la greffe. Ces bourgeons, greffés, suffisent à leur tour pour recueillir la sève lorsque l'autre partie de l'arbre a été abattue pour être traitée de la même manière.

« Avec ces soins, le pommier se prête avec la même facilité que le poirier à la transformation, qui le change en arbre productif et précieux.

« Je mettrai, a ajouté M. Larclause, les propriétaires et cultivateurs à même d'essayer chez eux les variétés nouvelles des meilleurs fruits en leur offrant des greffes de celles qui sont et méritent le plus d'être estimées. »

M. Bouscasse a vérifié que pour faire produire de nouvelles branches aux pommiers, il suffit de faire, soit sur le tronc, soit sur les anciennes branches, des incisions cruciales, au-dessous desquelles il sort des rejets vigoureux et très propres à recevoir la greffe ; il n'a jamais autrement opéré et il a toujours obtenu le plus grand succès.

Divers membres prennent encore la parole sur ce sujet ; tout le monde reconnaît avec la nécessité d'améliorer les espèces, la difficulté de préciser celles qu'il faudrait substituer aux espèces bâtardes trop généralement cultivées dans les campagnes. Dans cette matière, point de conseils absolus, car telle variété qui réussit dans un terrain ne convient point ailleurs.

M. de la Roulière propose, afin de répandre au sein des populations agricoles les connaissances théoriques et pratiques nécessaires sur le sujet dont on s'occupe, de créer, pour l'instruction des instituteurs communaux, une chaire d'agriculture dans les écoles normales. Après une courte discussion, il est décidé que cette proposition, qui rentre dans la proposition plus générale de M. Lary, sera mentionnée au procès-verbal comme un vœu émis par la section.

M. de Vielbanc annonce qu'il veut faire hommage à la Société d'Agriculture d'un petit catéchisme agricole, adopté en Bavière, où cette question est sommairement traitée; il propose d'en faire faire une traduction à l'usage de la jeunesse des écoles primaires. Il croit que c'est le meilleur moyen de répandre la science dans les masses.

On passe à la deuxième question du programme *sur les Assolemens qui sont et devraient être suivis.*

Plusieurs membres prennent la parole sur cet important sujet. Il est unanimement reconnu que l'assollement triennal, généralement suivi dans nos contrées, est de tout point funeste aux progrès de l'agriculture; car, deux céréales s'y succédant toujours, épuisent beaucoup la terre, et la jachère qui vient après coûte beaucoup sans rien rapporter; sans vouloir la proscrire absolument et dans tous les cas, on propose de la remplacer, soit par des vesces pour fourrage, ou enterrées en vert, soit par des plantes sarclées.

M. Lary pense que le vice de l'assolement triennal réside non-seulement dans la succession immédiate des céréales, qui fatigue inévitablement le sol, mais surtout dans la négligence avec laquelle la jachère est traitée, et dans les labours incomplets qui lui sont donnés; l a souvent remarqué que pour conserver un peu de pâcage, les fermiers lèvent les champs beaucoup trop tard, et que par suite, l'extirpation des mauvaises herbes est imparfaite et les champs mal nettoyés. Il rappelle que la Société d'Agriculture, dans le but d'atténuer ces fâcheux résultats, a proposé des primes pour la suppression des jachères; que plusieurs fermes ont concouru et que la commission, nommée pour examiner les cultures, a pu déjà constater une amélioration sensible dans des contrées où la jachère était généralement adoptée.

Un membre se plaint, dans l'intérêt de l'agriculture, de la trop courte durée des baux à ferme; il demande qu'on exprime le vœu qu'ils soient plus prolongés, afin de faciliter le changement des assolemens. M. Lary, tout en reconnaissant l'immense portée de ce vœu, fait observer que ce débat s'engagera d'une manière plus opportune sur le n° **21** du programme.

Il résulte de cette discussion que, pour changer un système d'agriculture il faut des capitaux; qu'il ne suffit pas de former l'éducation des classes agricoles, qu'il faut surtout éclairer les propriétaires sur leurs vrais intérêts, afin de hâter l'adoption des procédés dont la supériorité est incontestablement reconnue.

La Séance est levée et la discussion continuée à demain sur le même article.

Séance du 26 novembre.

Président : M. Bouscasse. — Secrétaire : M. de Lauzon.

M. Larclause, président de la section, forcé de s'absenter pour affaires personnelles, exprime ses regrets de ne pouvoir continuer à prendre part aux travaux du Congrès. Il est remplacé par M. Bouscasse, vice-président, qui appelle immédiatement la discussion sur la troisième question du programme relative au rapport qui doit exister dans une ferme : 1° entre les prairies naturelles et les prairies artificielles ; 2° entre les terres arables et les prairies ; 3° entre l'étendue de la ferme et les bestiaux qu'elle doit entretenir.

M. Lary, en faisant remarquer l'étroite connexité qui existe entre cette question et la précédente, et combien la solution de la première faciliterait la solution de la seconde, compare l'état de notre agriculture à celui de l'agriculture de quelques nations voisines ; il tire de ce rapprochement la raison de l'état d'abaissement où se trouve réduite l'agriculture française qui, s'obstinant à maintenir le système triennal avec jachère, ne peut consacrer à la nourriture du bétail que le sixième du sol arable, tandis que l'agriculture allemande emploie, pour le même objet, environ le tiers du sol, et que l'agriculture anglaise pousse cette proportion jusqu'à la moitié. Sur trente millions d'hectares livrés à la culture, nous consacrons en France un peu moins de 5 millions aux prairies, il faudrait doubler cette quantité pour être au niveau de la culture allemande, et la tripler pour égaler la culture anglaise. Là gît toute la question d'amélioration, c'est là que doivent tendre tous les efforts des associations agricoles, c'est dans ce but qu'elles doivent multiplier les encouragemens ; il n'y a pas de sacrifices qui puissent égaler l'importance du résultat.

On nourrit, en moyenne, une tête de gros bétail ou 10 bêtes à laines, sur 2 hectares ; le plus souvent cette proportion est inférieure, tandis qu'elle devrait être double avec un assolement bien entendu. M. Lary cite une ferme de 9 hectares (la ferme modèle des Trois-Croix, près de Rennes) où l'on est parvenu, sans autre secours que des prairies artificielles, à nourrir 12 têtes de gros bétail.

M. l'abbé Picard cite dans le nord du département, une ferme d'égale étendue où l'on a pu en nourrir huit : cet exemple est malheureusement trop rare dans nos contrées.

M. de Vielbanc pense que les Comices, au lieu d'épuiser toutes leurs ressources en primes d'encouragement pour les bestiaux, feraient bien d'en consacrer la plus grande partie à encourager la culture des prairies artificielles, la qualité et l'abondance de la nourriture devant naturellement perfectionner nos races.

Quelques Comices du département, et notamment celui de Niort, sont entrés dans cette voie ; il est à désirer qu'ils poursuivent ces heureuses tentatives.

La discussion étant amenée sur la culture du trèfle, M. Bouscasse fait connaître deux variétés du trèfle incarnat, cultivées dans la Charente-Inférieure, et qui mériteraient d'être plus répandues, puisque murissant à 15 jours d'intervalle, elles permettent de commencer plus tôt la nourriture en vert des bestiaux, et de la continuer jusqu'à l'époque où cette ressource est si précieuse dans les fermes.

M. de Vielbanc signale les inconvéniens de l'usage

immodéré du trèfle donné en vert, non qu'il attribue ces inconvéniens à la plante même, comme on le croit communément, mais à la présence sur la plante d'un insecte qu'il croit être un bupreste (1).

M. Lary répond que, quelle que soit la cause, le danger n'en est pas moins réel et qu'on pourrait l'atténuer en mêlant au trèfle, un coupage appelé ici *brideau*, et composé d'avoine, d'orge, de seigle, semé vers le mois d'août et souvent bon à couper vers la fin de mars.

Après une assez longue discussion, la section émet le vœu que les Comices multiplient les primes pour encourager la culture trop bornée des prairies artificielles, et surtout qu'ils donnent l'exemple de toutes les améliorations.

A cet effet, M. Lara-Minot voudrait que les Comices eussent un moyen de publier leurs expériences, par la voie d'un journal, par exemple.

M. Bouscasse fait observer que ce ne sont pas les ouvrages d'agriculture qui manquent à la pratique; les écrits des Comices, relatifs à de petites localités, pourraient quelquefois induire en erreur les cultivateurs d'une localité placée dans des conditions différentes; il pense que ce sont les grands propriétaires surtout qui devraient prêcher d'exemple.

M. Lary trouve que cette opinion, formulée d'une manière trop absolue, aurait pour résultat de supprimer toute publicité; que s'il est vrai, en général, qu'il faille adopter avec prudence des procédés préconisés par la presse, ce serait fermer la porte à tout progrès que de se borner à imiter ce qui se pratique autour de soi.

M. Lara-Minot ajoute que les améliorations les mieux

(1) Voir aux notes, à la fin des procès-verbaux.

constatées offertes par les riches propriétaires, n'exercent qu'une faible influence sur l'esprit des fermiers, beaucoup plus accessibles à l'exemple et aux conseils donnés par leurs égaux, et qu'il faudrait, selon lui, que les encouragemens allassent directement provoquer le cultivateur et l'inviter à multiplier ses tentatives.

Cette discussion, paraissant devoir s'écarter de l'objet mis en délibération, on passe à la question du programme relative à l'importance des cultures sarclées, à l'extension qu'elles ont prise ou qu'elles devraient prendre.

M. Lary regrette que cette culture soit à peine comptée pour quelques ares de terre dans l'assolement en usage autour de Niort, et il désire que la betterave et la pomme de terre surtout, soient introduites dans cet assolement, afin d'enlever à la jachère le plus de terrain possible; l'importance de leurs produits, l'excellente préparation que le sol reçoit de leur culture, auraient dû depuis longtemps ouvrir les yeux aux praticiens, si l'usage n'avait pas auprès d'eux plus de crédit que la raison. Cependant, ils commencent à revenir de leurs préjugés, mais cet abandon est loin d'être consommé.

M. le docteur Teilleux, s'appuyant sur les analyses de M. Braconnot et les expériences de M. Boussingault qui regardent la betterave comme *peu nutritive* (1), désirerait qu'on ne la préférât pas dans la culture aux turneps, aux topinambourgs et surtout aux carottes aussi propres incontestablement que la betterave à la nourriture des animaux, et peut-être à leur engraissement.

Cette opinion nouvelle semble extraordinaire à plusieurs

(1) Voir aux notes, à la fin des procès-verbaux.

membres jaloux de succès d'élevage qu'ils doivent, disent-ils, à une plante doublement utile par le produit de ses feuilles et par celui de ses racines; l'un d'eux même, se levant, ajoute qu'en pareille matière l'expérience longuement éprouvée de nos meilleurs agronomes, devrait l'emporter sur des résultats obtenus par une science qui ne saurait encore dire son dernier mot sur la composition intime des corps.

M. Lary conclut que la betterave, employée seule, serait sans doute une assez médiocre alimentation, mais qu'alternée avec le foin ou le regain de nos prairies, elle devient en hiver une ressource inappréciable, et c'est pour ce motif surtout qu'il désirerait que sa culture fût plus généralement répandue.

En résumant ces opinions diverses, la section est d'avis que toutes les plantes sarclées étant, en agriculture, d'une incontestable utilité, on doit s'efforcer de les introduire dans un assolement régulier, au lieu de les cultiver en dehors de tout assolement, ainsi qu'on a coutume de le pratiquer.

La discussion s'engage immédiatement sur la cinquième question, relative aux instrumens aratoires et aux perfectionnemens qu'ils ont reçus et aux résultats qu'on en a obtenus.

M. Lary fait connaître et la section apprend avec intérêt les améliorations introduites dans la charrue niortaise, les soins que se donnent les Comices de l'arrondissement pour propager cette amélioration, les encouragemens incessans dont on récompense les ouvriers qui se signalent par leur habileté; la herse, la houe à cheval, naguère inconnues, se multiplient de proche en proche; les machines à battre commencent à se répandre, et le rouleau à dépiquer, en usage dans le nord des Deux-Sèvres et dans la Charente-Inférieure, viendra sans doute bientôt épargner au fermier une main d'œuvre coûteuse sous le double rapport du temps et de la dépense.

M. de la Roulière fils, ayant des observations à faire sur l'usage du rouleau, et ne pouvant les développer, vu l'heure avancée, demande que cette discussion soit continuée à demain.

La Séance est levée.

Séance du 27 novembre.

Président, M. Bouscasse. — Secrétaire, M. de Lauzon.

La discussion sur les instrumens aratoires perfectionnés continue :

M. de la Roulière présente à la section le modèle d'un rouleau à dépiquer, dont l'usage est fort répandu dans les environs de Cholet. Ce rouleau, peu coûteux, facile à manœuvrer, est mis en mouvement par des bœufs, il peut dépiquer dans un jour jusqu'à 40 hectolitres de blé, c'est-à-dire faire l'ouvrage de vingt hommes; mais ce qui, aux yeux de M. de la Roulière, fait le grand mérite de cet instrument, c'est la facilité de l'exécution et surtout la modicité de son prix; il saisit cette occasion pour exprimer le vœu que tous les instrumens d'agriculture que l'on propage, soient mis comme celui-ci à la portée des fortunes médiocres; c'est par ce motif qu'il préfère le rouleau de Cholet à celui qu'a fait confectionner M. Fleuriau de

Bellevue, président de la Société d'Agriculture de la Rochelle ; il compare les deux instrumens dont les modèles sont mis sous les yeux de la section, et promet d'annexer au procès-verbal une note détaillée où les motifs de sa préférence sont développés.

M. Bouscasse apprend à la section que M. Fleuriau de Bellevue, reconnaissant des imperfections dans le rouleau qui porte son nom, en a modifié le mécanisme et qu'il a même signalé des avantages incontestables dans celui de Cholet. Cette observation fait cesser les incertitudes de la section qui décide que l'usage du rouleau présenté par M. de la Roulière doit être activement encouragé.

M. Paret fait hommage à la section, d'un troisième modèle de rouleau à dépiquer ; cette espèce de machine à battre, inventée par un fermier du Marais, fixe vivement l'attention de l'assemblée malgré la grossièreté de l'exécution ; son mécanisme aussi simple qu'ingénieux paraît réclamer un rapport particulier ; la section charge de ce travail M. Lary, qui doit rendre prochainement compte de ses observations.

M. le président annonce qu'on va passer à l'article relatif aux plantations de mûriers et à l'élève des vers à soie.

M. Lary fait connaître les encouragemens que la Société d'Agriculture a promis aux planteurs de mûriers ; il trace l'historique de cette industrie dans le département ; il cite entr'autres les succès obtenus par M. ***, à Saint-Maixent, et M. Mangou, à Terre-Neuve, qui ont récolté des soies d'une qualité supérieure ; il signale également M. Boreau de Niort, dont les plantations étendues donnent les plus belles espérances. Cependant ces tentatives n'ont pas eu beaucoup d'imitateurs ; l'industrie sérigène ne séduit pas notre population agricole. Pour en rendre le goût plus populaire, pour encourager la plantation d'un arbre utile à plusieurs titres dans une exploitation rurale, lors même qu'on ne voudrait pas en consacrer les produits à l'éducation des vers à soie, la Société a voté des primes qui doivent être distribuées en 1845 aux pépiniéristes qui offriront les pépinières de mûriers les plus nombreuses et les mieux tenues.

M. Paret doute beaucoup du succès de cette industrie dans nos contrées, où les gelées blanches du printemps sont funestes aux jeunes mûriers; il cite à l'appui de son opinion, un département qui est plus méridional que celui des Deux-Sèvres, celui de l'Ardèche, où, pendant plusieurs années, le mûrier a beaucoup souffert des gelées printannières.

M. Bouscasse répond à cette remarque qu'il est de principe que le mûrier peut être cultivé partout où la vigne prospère; qu'un agronome très distingué de la Rochelle, M. de Chassiron, a fait d'immenses plantations de mûriers qu'il cultive avec la houe à cheval; qu'il a construit une vaste magnanerie avec économie, avec simplicité, mais aussi avec une grande intelligence de ces sortes de constructions; qu'il a eu de très beaux résultats, bien que la réussite des vers à soie n'ait pas été aussi complète qu'on aurait pu l'espérer; que ses mûriers ont aussi souffert des gelées blanches, mais plus particulièrement des bourrasques de mer qui endommagent souvent les jeunes pousses (1).

M. Paret fait remarquer, pour appuyer son opinion,

(1) M. Bouscasse est néanmoins persuadé que le mûrier réussira dans la Charente-Inférieure.

que les gelées blanches sont moins funestes sur les bords de la mer que dans l'intérieur des terres.

M. le docteur Teilleux désire l'extension de l'industrie séricicole; car, sous ce rapport, nous sommes, dit-il, tributaires de l'étranger pour une somme égale au moins à celle de notre production qui dépasse cependant 60 millions). Mais il n'espère pas que le mûrier réussisse dans nos contrées, cet arbre étant très impressionnable à la gelée en raison de la quantité des fluides aqueux qui imprègnent sa fibre, surtout à l'époque du printemps. Il signale les pertes éprouvées par M. Mangou, dont les mûriers ont beaucoup souffert bien qu'ils fussent plantés depuis 3 ou 4 ans; il croit qu'il serait plus prudent de prendre les pourrettes dans le pays plutôt que d'aller les chercher dans le midi de la France; car alors la pourrette n'aurait point à supporter les chances d'un acclimatement.

M. Lary fait observer que c'est précisément dans ce but que la Société d'Agriculture a encouragé les plantations de pépinières de mûriers, et il prie ses collègues de prendre en considération les motifs favorables à cette industrie. La section faisant droit à cette demande, exprime le vœu que les encouragemens donnés à la culture du mûrier soient continués.

Plusieurs membres demandant que la question vinicole soit mise à l'ordre du jour, bien qu'elle ne soit pas dans l'ordre du programme, M. le président appelle l'attention de ses collègues sur cette matière si importante pour les départemens qu'embrasse l'association.

Pour ouvrir la discussion, M. Lary fait connaître les moyens tentés par la Société d'Agriculture, pour adoucir les souffrances d'une industrie qui occupe une partie notable du sol du département; il rappelle que, sur la demande des vignerons du canton de Mauzé, la Société résolut de faire entendre à la Chambre des députés d'aussi justes doléances, et qu'il fut chargé de rédiger et de transmettre une pétition qui a été déposée sur les bureaux de la chambre; qu'il faut d'autant plus regretter que cette pétition n'ait pas été rapportée, que la Chambre entend souvent des rapports sur des pétitions insignifiantes et qui n'ont aucun but d'utilité publique. Il donne lecture de plusieurs passages de ce mémoire qu'il promet d'annexer au procès-verbal, et il propose à la section d'en approuver les conclusions ainsi formulées. On demande:

1° Une modification efficace au tarif des droits qui frappent les eaux-de-vie à leur introduction à l'étranger.

2° Une diminution dans les droits de circulation, d'entrée et d'octroi.

3° L'adoption de mesures sévères pour empêcher la falsification des vins et des eaux-de-vie.

4° Que, si les vins restent grevés d'un impôt quelconque, la bierre soit frappée d'un impôt équivalent.

Une discussion précède le vote réclamé par M. Lary.

M. Charlot désirerait que les eaux-de-vie, provenant de la vigne, fussent protégées contre les eaux-de-vie de pommes de terre, et que ces dernières fussent en conséquence frappées d'un droit plus élevé.

Un membre fait observer que cette mesure serait atteinte de partialité et qu'elle tendrait à ruiner les contrées où la culture de la pomme de terre a pris une grande extension.

M. Biard pense que pour relever la réputation de nos bons crûs de Saintonge, il faudrait encourager la plantation des bons cépages, et engager les vignerons à renoncer au plant qui produit beaucoup au détriment de la qualité; il n'approuve pas l'usage de fumer les vignes qui a aussi beaucoup contribué à perdre la réputation de nos produits, et par conséquent à porter atteinte au bien-être du vigneron.

Après quelques observations semblables échangées entre plusieurs membres, la section émet, sur la proposition de M. Lary, un vote favorable.

Séance du 28 novembre.

Président, M. Bouscasse. — Secrétaire, M. de Lauzon.

La chaux, son mode d'emploi et ses effets, sont mis à l'ordre du jour.

M. de la Roulière parle de l'extension fort remarquable que les chaulages ont pris dans les environs de Cholet; en peu d'années, cet amendement, bien qu'il faille aller le chercher quelquefois à 12 lieues et qu'il coûte, pris au four, 2 fr. 50 c. l'hectolitre, a doublé le produit de beaucoup de fermes. Pour l'employer, on la fait d'abord éteindre dans la terre meuble, on bine deux ou trois fois le mélange et on le répand sur le terrain peu de temps avant d'ensemencer.

M. Charlot fait un grand usage de la chaux dans les environs de Fontenay où elle est à vil prix; il la répand sur le terrain aussitôt qu'elle est éteinte, et il la recouvre immédiatement d'un trait de herse. Il emploie aussi la cendre des fours à chaux chauffés au charbon de terre ; ces cendres produisent, sur les terres arables, le même effet que la chaux, et valent mieux pour les prés humides où ils favorisent particulièrement la production du trèfle. M. Charlot fait observer qu'il n'opère que par un beau temps.

M. Granger emploie la chaux dans les environs de Lusignan ; son procédé a beaucoup d'analogie avec les précédens : il dépose la chaux dans le champ qu'il veut amender par petit tas d'environ un double décalitre ; un ouvrier recouvre immédiatement ces tas d'une légère couche de terre ; 8 jours après on répand une deuxième couche, et lorsque la chaux est bien réduite en poussière, on l'étend sur le terrain où elle est à l'instant recouverte. D'ailleurs les deux méthodes lui ont également réussi.

Les préopinans répondant à une observation provoquée par cette manière de traiter la chaux, affirment ne l'avoir vue jamais prendre la consistance de la pierre.

M. Bouscasse est persuadé que l'incinération des terrains argileux pourrait, dans beaucoup de cas, remplacer le chaulage ; il engage les propriétaires de ces terrains à faire l'essai de cet utile procédé.

La section, reconnaissant les avantages incontestables que l'agriculture de nos contrées doit retirer de l'emploi de la chaux, persuadée que les terres de la Gâtine surtout seraient puissamment fertilisées par un amendement que l'ouverture d'un grand nombre de fours à chaux provoquée par les houilles de notre bassin, met à la disposition des fortunes les plus médiocres, exprime le vœu que la pratique du chaulage devienne de plus en plus générale.

La séance est levée.

IIme SECTION.

ENQUÊTE SUR LES BESTIAUX.

Séance du 25 Novembre.

On passe au scrutin pour la formation du bureau. Le dépouillement donne le résultat suivant :

Président, M. de Sainte-Hermine;

Vice-Président, M. de Vielbanc;

Secrétaire, M. Sauzeau.

La première question du programme est celle relative aux races chevalines.

Un membre propose de la renvoyer à la séance du 26, et cette proposition est adoptée.

M. le président pose la question relative aux races bovines.

M. Duvignaud dit qu'il ne faut pas trop se hâter de favoriser l'introduction des espèces à viande, qu'ainsi la race Durham ne peut être employée sans discernement;

Qu'il faut encourager l'espèce qui se trouve dans les localités, et qui satisfont aux conditions de travail et d'engraissement, en un mot améliorer en dedans.

Il blâme la manière dont on élève, qu'il dit être très vicieuse : on ne nourrit pas suffisamment, surtout la première année, qui exerce la plus grande influence sur toute l'existence de l'animal.

M. de Sainte-Hermine rappelle qu'en Vendée on a introduit récemment la race Durham, mais qu'on n'en connaît pas encore les résultats.

M. Sabouraud d'Auzay dit avoir eu des premiers produits de la race Durham, croisée avec des vaches du pays, propres au travail.

M. Sauzeau a de la peine à comprendre que les premiers produits de la race Durham soient, en France, propres au travail, quand, en Angleterre, ces premiers produits sont spécialement et uniquement destinés à la boucherie, et jamais au travail et à la reproduction;

Que le Poitou possède une race parfaite, celle de la Gâtine, vigoureusement constituée pour le travail, et dont la boucherie de Paris fait le plus grand cas;

Qu'il est d'avis que l'on ne cherche à introduire la race Durham que lorsque le bœuf n'aura plus dans nos contrées la double destination du travail et de la boucherie, et surtout lorsque l'agriculture aura fait assez de progrès pour être à même de fournir une plus abondante alimentation aux bestiaux.

M. Larclause pense qu'il ne faut pas se borner à mentionner le bœuf de Gâtine, que nos contrées possèdent encore les bœufs limousins, ceux de Marmande, ceux d'Angoumois et de Saintonge; que chacune de ces races est bonne dans la localité à laquelle elle est parfaitement appropriée, et qu'il faut les conserver toutes sans chercher à en imposer une plutôt qu'une autre. Il reconnaît cependant que la race de Gâtine est meilleure que toutes ses voisines, sous tous les rapports.

Relativement à la race Durham que le mieux est quelquefois ennemi du bien, qu'ainsi la race Durham, par sa facilité et sa précocité à engraisser, peut avoir de très grands avantages, mais qu'elle exige une grande quantité de fourrages que nous ne possédons pas, et que l'on ne doit l'encourager que dans les contrées qui sont en position de se livrer à l'engraissement.

M. Bouscasse fait l'histoire des bestiaux en Angleterre, où, dit-il, il y a soixante ans, on n'était pas plus avancé que nous ne le sommes par rapport aux races bovines.

Il fait connaître l'influence des racines dont la culture a permis de nourrir d'abord cinq fois plus de bestiaux qu'auparavant, et plus tard jusqu'à neuf fois davantage, par suite de la réaction favorable opérée par cette culture sur la qualité et la fertilité de la terre.

Cet accroissement exorbitant dans la fertilité du sol a diminué d'autant la nécessité du travail ; de là la création des races impropres au travail, dont on n'éprouvait plus le besoin, mais faciles à engraisser pour faire de la viande de boucherie, dont les besoins allaient toujours croissant.

On ne peut donc penser, en France, à généraliser les bêtes à viande qu'après l'extension de la culture des racines.

M. de Lauzon a remarqué que les bœufs engraissent plus facilement jeunes que vieux.

M. le docteur Teilleux dit qu'il y a chez tous les animaux, comme pour l'homme, trois époques d'engraissement : 1° l'enfance ; 2° la jeunesse proprement dite ; et 3° l'âge critique ;

Que le bœuf Durham est un animal artificiel, qu'on ne l'a amené à l'état où nous le voyons qu'en exploitant des défauts d'organisation ;

Et que l'âge d'engraissement change pour les animaux artificiels et s'écarte des lois générales de la nature (1).

M. de Vielbanc: Suivant lui, la question est complexe, en ce sens qu'il y a bœuf de travail et bœuf de viande; il est donc indispensable de l'envisager sous ces deux points de vue.

Si c'est un bœuf de travail que l'on veut, il faut lui donner de la force, et pour cela étudier sa construction, son anatomie.

Si c'est un bœuf à viande, il faut être dans les conditions voulues pour engraisser et prendre le bœuf artificiel de la race Durham.

M. de la Roulière fait remarquer qu'il ne faut pas croire que la viande du Durham soit aussi bonne que celle des bœufs indigènes.

M. Bouscasse pense que l'on ne doit s'occuper de la question d'amélioration des races bovines qu'après avoir examiné la question d'introduction des bestiaux étrangers.

M. Sauzeau fait observer que cela fait deux questions distinctes, qui peuvent très bien se lucider, et que l'assemblée n'est saisie que de la question matérielle : Les races du pays sont-elles bonnes? Doit-on les améliorer en dedans ou par des croisemens?

Une discussion s'engage entre plusieurs membres sur la position de la question.

M. le président va poser la question relative aux races de bœufs du pays, quand M. Lara-Minot demande la parole pour donner des renseignemens.

L'heure étant avancée, la séance est continuée au 26.

(1) Voir aux notes, à la fin des procès-verbaux.

Séance du 26 Novembre 1844.

Président, M. de Sainte-Hermine. — Vice-Président, M. de Vielbanc. — Secrétaire, M. Sauzeau.

Le procès-verbal de la séance du 25 est lu et adopté.

On reprend la discussion sur les races bovines.

M. Lara-Minot, tout en reconnaissant les avantages des races indigènes, croit que si l'on excluait les essais de croisemens de toute participation aux primes ou encouragemens, on se priverait peut-être d'un progrès et de découvertes précieuses.

Il dit qu'il résulte de son expérience personnelle que le produit du premier croisement du taureau Durham, par exemple, avec la vache de Gâtine, est très propre au travail.

M. Duvignaud rédige et dépose une proposition ainsi conçue :

« Si l'assemblée veut bien reconnaître que la nature, dans son impénétrable sagesse, fait l'animal selon le pays et que les races que nous possédons sont suffisantes à nos besoins agricoles,

« J'émets le vœu que les races indigènes soient améliorées espèce par espèce, et sans aucun mélange de sang étranger à chacune d'elles.

« Ce moyen d'améliorer les races par elles-mêmes sera plus court, plus certain et plus durable, les animaux étant propres au sol et le résultat naturel des circonstances de chaque localité.

« Je désire également que l'assemblée applaudisse aux agronomes qui, dans une position exceptionnelle, peuvent essayer de croiser les animaux de leur contrée avec les différentes espèces, soit du pays, soit de l'étranger.

« Cependant je pense qu'elle verrait avec peine les partisans de l'une ou de l'autre de ces tentatives de perfectionnement absorber le peu de fonds alloués par le gouvernement et les conseils généraux, et dont la répartition devrait se faire selon les besoins bien entendus.

« Quant à l'élevage et à l'éducation, l'assemblée éclairée par de longues expériences, couronnées d'un plein succès, recommande de nourrir, d'une manière plus substantielle que celle adoptée dans nos campagnes, les jeunes animaux pendant la première année de l'élevage, moyens employés qui réussissent si bien dans plusieurs cantons du département des Deux-Sèvres. On ne pourrait trop insister sur ce point, dont le résultat peut faire disparaître de nos marchés ces animaux de petite taille, maigres, chétifs et peu propres à l'engraissement. »

Cette proposition donne lieu à diverses observations de la part des membres présens à la séance.

M. Bouscasse dit que tout ce qui est relatif à l'élevage, l'éducation, les avantages et les inconvéniens du croisement de la race bovine, a, dans l'assemblée, été supérieurement traité sous le rapport de l'art vétérinaire, et même sous le haut point de vue de la science agricole; mais il lui semble qu'il y a ici une autre question, la question d'économie qui domine notre agriculture pratique.

Cette position tient à ce que les besoins de la consommation en viande de boucherie ont marché plus vite que nos progrès agricoles pratiques. S'il en était de même partout, nos producteurs composeraient avec les consommateurs, mais les producteurs voisins, entr'autres les

Anglais, ont été plus heureux, et, à force de temps, de soins et surtout de dépenses, ils ont créé une race artificielle qui résout la question de la viande à bon marché, en sorte que, sous peine de voir qu'on aille prendre ailleurs, nos producteurs se trouvent au moins dans la dure alternative de ne rien gagner.

Les hommes instruits qui, par leurs lumières et leur zèle, veillent à nos intérêts sociaux, sont alarmés de cet état de choses. Le gouvernement lui-même, en introduisant à grands frais, en France, des types tout faits, semble inviter nos éleveurs à presser la solution de la question du bon marché. Nous ne sommes donc plus en position de tant nous préoccuper de la question de perfection. Que nous ne croisions pas nos races de travail avec le type Durham, à tel point d'en perdre les espèces, on le conçoit, mais que nous rejettions, que nous n'encouragions pas l'emploi du type même, on ne le conçoit plus.

Surtout ayant expérimenté déjà que : 1° le type Durham consomme, pour fournir la même quantité de viande, moins de fourrage; 2° qu'il consomme une plus grande quantité relative de nourriture aqueuse, nourriture que les cultures sarclées nous permettent d'obtenir au cinquième, et même au neuvième du prix de nos fourrages ordinaires; 3° qu'il peut garder plus longtemps l'étable, que, même dehors, il peut être tenu au piquet avec beaucoup plus de facilité que nos races de travail, à tel point que le surveillant qui, dans un temps donné, pourrait ainsi soigner un certain nombre de bêtes indigènes, en soignera le double du type Durham.

Tout cela provient de ce que cette race, d'un tempérament plus lymphatique que les nôtres, est par conséquent moins remuante et plus civilisée, si l'on peut s'exprimer ainsi.

En conséquence de ces faits qu'une plus longue expérience ne fera que rendre plus certaine, M. Bouscasse propose à l'assemblée de décider, dès à présent, que dans nos contrées : 1° la viande obtenue par lá race du comté de Durham, a chances de s'obtenir avec plus d'économie que celle fournie par nos races de travail; et 2° qu'attendu la rareté des types, et attendu que le nombre des éleveurs praticiens est encore trop restreint et que, d'un autre côté, la substitution des cultures sarclées à la jachère s'opère lentement, il propose d'émettre le vœu que la protection qui est accordée à nos éleveurs par nos tarifs, soit continuée.

Ce vœu, suivant lui, reçoit toute la gravité de ce que les encouragemens pour l'élève des bestiaux touchent aux intérêts les plus vitaux de notre agriculture; qu'ils n'augmentent pas seulement la production, mais qu'ils augmentent surtout la plus value du capital foncier.

Cette proposition n'ayant pas été appuyée, l'assemblée passe outre.

La proposition de M. Duvignaud est ensuite adoptée à la presqu'unanimité, sur la mise aux voix, article par article, faite par M. le président.

La question chevaline est mise à l'ordre du jour. M. le président offre la parole, et personne ne la réclame.

M. Sauzeau, pour engager la discussion, dit que la race mulassière doit être conservée dans toute sa pureté, sans mélange de sang anglais, et améliorée et perfectionnée en dedans;

Que pour toutes les autres races, c'est-à-dire celles qui doivent produire les chevaux de selle et de cavalerie, si le sang anglais peut et doit produire de bons effets, il faut employer le sang anglais, mais judicieusement et avec discernement.

M. Chabot, de Sainte-Hermine (Vendée), dit qu'en guerre, il n'y a à sa connaissance que les chevaux de sang qui aient résisté à tenir la campagne hors du territoire français; que tous les autres n'ont pu survivre au changement de localité; que, par conséquent, il est d'avis qu'on ne peut donner trop de sang à nos races qui produisent les chevaux de cavalerie.

M. Plasse, vétérinaire, entre dans de longs développemens théoriques et pratiques au sujet de l'élève du cheval. Il promet à l'assemblée un résumé pour être annexé au procès-verbal.

M. de Lauzon dit que, dans l'éducation des chevaux, on n'élève bien et on ne réussit qu'en nourrissant bien; il pense que les éleveurs ne se préoccupent pas assez du choix et de la quantité des alimens à fournir à tous leurs bestiaux en général, et à leurs chevaux particulièrement.

Suivant lui, l'on doit beaucoup compter sur l'attention des éleveurs à ce sujet, pour faire disparaître les animaux abatardis qui figurent encore, en beaucoup trop grand nombre, dans nos marchés.

M. de la Roulière demande quels ont été les résultats des transformations de poulains limousins dans le Poitou, et s'il est reconnu que ces résultats ont été avantageux. Il demande que l'assemblée émette le vœu que cette transmigration soit encouragée et qu'on prenne des mesures pour faire acheter de bons poulains limousins, afin de les amener jeunes en Poitou et en Saintonge, et les faire élever dans ces contrées.

Plusieurs membres donnent des renseignemens au sujet de la proposition de M. de la Roulière. Il en résulte que les essais faits par M. Texier n'ont pas réussi : on ne cite que quelques chevaux qui auraient atteint le prix de 800 à 900 fr.

M. Plasse dit que les transmigrations de poulains sont bonnes en principe; que si l'on n'a pas réussi jusqu'à ce jour, c'est que les choix n'étaient pas bien faits; que si l'on eût amené des poulains bien conformés, des poulains de choix, on aurait fait de bons chevaux, et que si le gouvernement veut encourager cette transmigration, il faut veiller au choix des poulains.

Qu'il vote contre la proposition de M. de la Roulière, parce que cette transmigration serait contraire aux intérêts des éleveurs du Poitou, par suite des croisemens qui en résulteraient, si elle devenait générale, et qu'au surplus c'est aux Limousins à élever leurs races.

M. Petiniaud, directeur du haras de Saint-Maixent. La question est celle-ci : Est-il avantageux ou non pour le Poitou d'y introduire les poulains limousins? Le Poitou ne peut retirer aucun avantage de cette introduction qui ne réussit pas, et, dût-elle réussir, le Poitou ne peut pas l'adopter, parce qu'il est à même de faire naître et élever ses propres races avec beaucoup plus d'avantage.

Il donne ensuite des renseignemens sur les poulains limousins introduits en Poitou par M. Texier; suivant lui, ils n'ont pris du gros que dans les parties supérieures du corps, et jamais ils n'ont pris du distingué; et la preuve, on la trouve dans les prix minimes qu'ont été vendus ceux que l'on peut citer comme ayant passablement réussi.

Quant à la race mulassière, elle est trop favorable à la

contrée pour que l'on puisse penser à la modifier ou à la changer; il faut la conserver dans toute sa pureté.

L'administration du haras le comprend tellement, qu'à peine a-t-elle établi quelques stations d'étalons de sang dans les Deux-Sèvres, et qu'elle se borne à accorder des primes aux étalons de l'industrie privée.

M. Teilleux entre dans l'examen scientifique des conditions du sol et des influences atmosphériques pour la nourriture et l'élevage des différentes races de chevaux (1).

M. Chabot fait observer qu'en général on compte beaucoup trop, pour l'amélioration de nos races chevalines, sur les effets des encouragemens et des primes donnés par le gouvernement; que c'est sur les propriétaires qu'il faut compter, sur leur instruction et sur la bonne volonté des agriculteurs.

M. de Vielbanc donne lecture de la question posée dans le programme; il dit que tous les termes dénotent l'importance qu'on doit y attacher et qu'y ont attachée les rédacteurs.

Il entre dans un exposé théorique et scientifique, qui échappe à l'analyse, sur les rapports qui existent dans les produits de la nature et les relations existantes entre les plantes fournies par certaines contrées et la conformation des animaux qui s'en alimentent.

Il a, comme plusieurs propriétaires du Poitou, voulu essayer d'élever un poulain venant du Limousin. Cet animal, aux formes grêles qui dénotent le sang arabe, n'a pas pu s'accoutumer à la nourriture de ses gras pâturages, destiné qu'il était, par la nature de sa construction, à une

(1) Voir aux notes, à la fin des procès-verbaux.

nourriture moins grossière. Il n'a jamais guère mangé qu'à l'écurie, de l'avoine et du très bon foin.

Il n'est pas assez connaisseur pour dire si son cheval est bon et sans tares; mais il lui paraît avoir de la noblesse, de l'énergie et de la vigueur.

L'assemblée rentre encore dans la discussion de la proposition de M. de la Roulière, et, après avoir entendu les observations de plusieurs membres, l'heure étant avancée, on renvoie la continuation de l'examen de cette question à demain.

La séance est levée.

Séance du 27 Novembre.

Président, M. de Sainte-Hermine. — Vice-Président, M. de Vielbanc. — Secrétaire, M. Sauzeau.

Le procès-verbal de la séance du 26 est lu et adopté.

On reprend la discussion sur les races chevaline et mulassière.

M. de la Roulière dit qu'il a provoqué une sorte d'enquête sur les transmigrations de poulains limousins en Poitou, qu'il persiste dans sa proposition, surtout d'après les explications données par M. Plasse, vétérinaire, suivant lequel les transmigrations seraient bonnes en principe, mais qu'il faut craindre les croisemens.

Je pense que l'on ne peut que gagner à des croisemens et que, si le principe est bon, il faut l'appliquer pour faire des chevaux de cavalerie.

Il a été en Limousin pour voir acheter des étalons,

mais il n'a vu de bons poulains que chez quelques riches propriétaires dont il donne les noms.

Suivant lui, si le Limousin ne peut plus nourrir ses chevaux, c'est que l'on a dénaturé et trop grandi l'espèce.

M. Plasse dit qu'il faut distinguer: Si l'on importe des poulains pour les élever complètement, l'opération sera mauvaise, tandis qu'au contraire, elle sera bonne si l'on introduit des poulains déjà faits, qui soient bons et bien conformés, seulement pour les nourrir.

Après quelques observations de M. Decollard et de quelques autres membres, M. de la Roulière déclare retirer sa proposition, sous la réserve de la reproduire dans d'autres circonstances.

Sur l'ensemble de la question relative aux races chevaline et mulassière, M. Plasse dépose une proposition ainsi conçue :

« Considérant que les faux accouplemens et les croisemens disparates ont amené l'abatardissement de nos principales races en France, et, par suite, le découragement parmi les éleveurs;

« Considérant qu'il y a un très grand avantage, sous tous les rapports, à reformer toutes nos races, telles que le sol et le climat combinés les ont établies primitivement;

« Considérant que, par ce moyen, on arriverait à avoir en France assez d'animaux pour suffire à tous les services civils et militaires;

« Je propose que l'on prenne des mesures pour organiser un nouveau système général d'éducation, qui consisterait :

« 1° A améliorer les différentes races par elles-mêmes, ou par des races de construction analogue, en choisissant les plus beaux types;

« 2° A établir, dans chaque province, un nombre de dépôts d'étalons proportionnés aux besoins de chaque contrée;

« 3° A cesser de soumettre la serte au caprice du palefrenier, et à la passer sous la responsabilité d'un homme instruit et compétent, qui visitera toutes les jumens et délivrera une carte de saillie en désignant l'étalon qui convient à chaque jument, sans qu'il puisse être dérogé à cette mesure;

« 4° A rejeter toutes les jumens tarées ou désassorties;

« 5° A tenir, pour les jumens distinguées qui peuvent se rencontrer dans les provinces qui fournissent des chevaux de trait ou autres races communes, un ou plusieurs étalons, suivant les besoins probables; ces étalons resteront au dépôt où on leur conduira les jumens pour être saillies, mais toujours aux mêmes conditions de contrôle que pour les précédentes;

« 6° L'instruction du personnel étant de la plus haute importance, toutes les fois qu'il y aura une place vacante dans l'administration, elle sera donnée au concours devant un jury qui exigera des connaissances spéciales;

« 7° L'école des haras, actuellement établie au haras du Pin, depuis deux ans, étant incomplète sous le rapport de l'instruction nécessaire, elle sera réorganisée et transportée auprès de la capitale, où les élèves pourront se mettre au courant de toutes les sciences naturelles si utiles en ce cas. »

M. de Sainte-Hermine fait remarquer qu'il se trouve dans la proposition de M. Plasse des articles relatifs à des sujets qui n'ont été ni discutés ni examinés, et sur lesquels l'assemblée n'est, par conséquent, pas éclairée;

Que l'auteur de la proposition aurait bien dû préalablement fournir tous les éclaircissemens et tous les renseignemens susceptibles de fixer l'opinion de l'assemblée;

Et qu'au surplus, il pense que l'on ne doit pas s'occuper de l'organisation de l'administration des haras.

Diverses observations sont échangées sur la proposition faite par M. Plasse, après lesquelles l'assemblée prend la décision suivante à la presqu'unanimité des suffrages donnés par les membres présens :

L'assemblée émet le vœu qu'il soit pris des mesures pour améliorer les différentes races de chevaux par elles-mêmes ou par des races de construction analogue, en choisissant les plus beaux types, et qu'il soit établi, dans chaque province, un nombre de dépôts d'étalons proportionné aux besoins de chaque contrée.

M. Sabouraud propose, au sujet de la race mulassière, que, si les haras ne fournissent pas les étalons améliorateurs, on donne des encouragemens aux propriétaires qui en possèdent.

Après les observations de plusieurs membres, l'assemblée adopte la proposition suivante :

Considérant que la race qui produit les belles mules si renommées du Poitou, si elle doit être conservée dans toute sa pureté et ne pas subir de croisemens, elle doit, comme toute autre, être améliorée et perfectionnée par les plus beaux types de son espèce;

L'assemblée décide qu'il est de la plus haute importance pour le Poitou que l'industrie mulassière soit encouragée par tous les moyens susceptibles de lui donner de l'extension et de l'amener à l'état de perfection qu'elle comporte.

On passe à la question des races ovines.

M. Sauzeau dit que le Poitou a des races indigènes qu'il faut conserver sans croisemens, par exemple la race de Gâtine tant estimée des bouchers de Paris, en raison de ses grosses cotelettes;

Que si la question ovine est complexe en ce sens qu'elle embrasse la production de la laine et la production de la viande, c'est surtout de la viande dont on doit se préoccuper, dans l'intérêt général et bien entendu de l'agriculture;

Qu'à l'égard de la production de la viande, il y a plus de fixité, tandis que les laines sont sujettes à des hausses et à des baisses qui souvent compromettraient la fortune des cultivateurs.

M. Plasse dit qu'il n'y a pas autant de dangers dans les croisemens des races ovines que dans ceux des races bovine et chevaline; mais il pense qu'ils ne doivent être faits que par les éleveurs qui peuvent donner une nourriture abondante et appropriée à chaque espèce de race; que, jusqu'à nouvel ordre, nos races étant bonnes, il faut les conserver.

M. Bouscasse reproduit le système par lui développé déjà, et dont il fait l'application à tous les genres de bestiaux.

Il dit que les races nouvellement créées en Angleterre, engraissent plus facilement que toutes les nôtres.

Il demande que l'on introduise celles à viande, mais avec discernement et prudence.

Après un échange d'observations entre les membres présens, l'assemblée décide qu'il faut conserver nos races qui sont reconnues bonnes, les améliorer par elles-mêmes, et n'opérer de croisemens ou n'introduire d'autres races qu'avec prudence et discernement.

On passe à la race porcine.

M. Plasse dit qu'il y a de la différence entre les cochons et les moutons par rapport à leur mode de nourriture ; que les moutons ne vivent que du sol ; que les cochons, on les fait naître dans certaines contrées et on les engraisse dans d'autres qui produisent une nourriture plus substantielle, pour les revendre ensuite aux contrées infertiles ;

Que la race anglaise convient mieux que la craonnaise, mais que la race anglaise a contre elle sa couleur, et que, si elle était blanche, elle s'introduirait et entrerait dans le commerce beaucoup plus facilement.

M. Bouscasse fait observer que la race des cochons blancs, importée de l'Angleterre, est très féconde et produit jusqu'à quinze ou seize marcassins, mais que les Anglais sont tellement spéciaux, que cette espèce blanche est destinée uniquement à produire des cochons de lait.

Après diverses observations de plusieurs membres, l'assemblée reconnaît, avec plaisir, que la race craonnaise s'est déjà beaucoup multipliée dans le pays, que, par conséquent, elle n'a pas besoin d'encouragement, et désire que la race anglo-chinoise prenne un plus grand développement.

La séance est levée.

MÉMOIRES.

DES BIENS COMMUNAUX,

PAR M. DE SAINTE-HERMINE.

Depuis longtemps l'état fâcheux des biens communaux appelle l'attention des économistes et des agronomes. Dans la session de 1843, plus de soixante conseils-généraux, consultés à ce sujet par le ministre de l'agriculture et du commerce, ont demandé la mise en culture de ces biens, dans le but de faire produire au pays tout ce qu'il peut produire, et d'apporter la fertilité sur les parties jusqu'ici négligées du sol de la France. Il n'y a pas eu un seul conseil-général qui ait émis l'avis de maintenir le mode actuel de jouissance commune de ces biens.

En effet, de vastes et excellens terrains sont, dans un grand nombre de localités, abandonnés à une jouissance indivise entre les habitans et au pâturage commun des bestiaux. Ces biens, qui appartiennent à toute la famille communale, ne sont l'objet des soins particuliers d'aucun de ses membres. La terre, privée des travaux indispensables de l'homme, y est presque improductive; car, ainsi que l'a dit un habile agronome, il n'est aucun des terrains les plus fertiles qui, abandonné sans travail et sans soins, ne se détériorât promptement, ne se couvrît de bruyères, ou ne se convertît en un marais insalubre. Si la superficie de nos meilleurs champs était ainsi laissée sans culture et livrée au parcours des animaux, leur sol s'userait bientôt pour ne produire que des plantes chétives, des herbes languissantes et d'arides chardons (1).

(1) Dans le département de la Vendée et dans 45 communes seulement sur lesquelles j'ai pu recueillir des renseignemens exacts et complets, on a constaté l'existence de plus de *sept mille trois cent quatre-vingt-quatorze hectares* de communaux en landes, bruyères ou prairies; et, suivant des estimations officielles très inférieures aux valeurs réelles, ces terrains, malgré leur état actuel d'abandon, vaudraient *six millions neuf cent trente-sept mille huit cent quatre-vingt-quatre francs.* Dans une petite commune, située non loin de Niort, à Sainte-Christine, où l'on ne compte que 484 habitans, c'est-à-dire à peu près cent feux, il y a 384 hectares de communaux estimés trois cent mille francs. Ces terrains sont allotés chaque année entre les habitans pour y couper l'herbe et les roseaux qui y croissent spontanément; après cette récolte, ils sont livrés au pâturage. A Benet, il y a 747 hectares de biens communaux estimés 600,000 francs. Ils sont, comme ceux de Sainte-Christine, partagés chaque année entre les habitans pour y récolter les produits spontanés d'herbes et de roseaux, et livrés ensuite au pâturage. A Lesson, la part distribuée à chaque habitant dans la récolte des communaux vaut annuellement de 150 à 200 francs. A Vouillé-les-Marais, commune de 1630 habitans, il y a 640 hectares 42 ares de biens communaux, estimés 769,700 francs. La commune n'afferme qu'un hectare de ces biens pour 75 francs, et les 639 autres hectares 42 ares sont livrés exclusivement au pâturage des bestiaux et ne donnent aucun produit. Aux Magnils-Reigniers, près de Luçon, suivant un état dressé au mois de septembre 1844, 154 chevaux, 253 bêtes à cornes et un âne dévorent,

« Placez un bœuf, une vache, dans une bonne prai-
« rie, a dit le célèbre agronome Rozier, et vous verrez
« que chaque animal gâte au printemps vingt et trente
« fois plus de fourrage qu'il n'en consomme. Que sera-ce
« donc dans les communaux, où l'animal est forcé de
« parcourir un espace immense avant d'avoir trouvé le
« quart de la nourriture qui lui convient. Cette herbe est
« bientôt dévastée, et l'animal trouve à peine, dans le
« reste de l'année, de quoi y brouter. En veut-on une
« preuve sans réplique? Que l'on considère ces troupeaux
« de bœufs, de vaches, de chevaux qui passent les jour-
« nées et les saisons entières au milieu de ces prairies,
« et j'ose assurer qu'on les verra tous maigres, déchar-
« nés, et les os prêts à percer la peau. S'il y a des excep-
« tions à cette règle générale, elles sont en bien petit nom-
« bre. Si la chaleur survient, l'herbe est rasée de si près
« que la prairie ressemble à une terre pelée, ou plutôt il
« n'en reste que les racines. Si la prairie est marécageuse,
« le mal est encore plus grand, et les communaux en plus
« mauvais état. Les plantes de la famille des graminées,
« la vraie nourriture du bétail sont rares; les plantes
« aquatiques y surabondent, et toutes fournissent un pâ-
« turage aigre, déblavé et peu substantiel. Il n'est donc
« pas étonnant que le bétail soit de petite stature, que les
« races s'y abâtardissent, et que leur amaigrissement soit
« général et extrême. »

pendant la durée du pacage, tous les produits d'un communal de très bonne qualité ayant 232 hectares 49 ares 10 centiares. A Chanais, 135 pièces de bétail ont brouté et foulé aux pieds, pendant la seule saison du pacage, tous les produits d'un communal de 70 hectares.

Ces terrains, de nature différente, ont diverses origines. Les uns, comme les landes vaines et vagues de la Bretagne et du Bas-Poitou appartenaient, avant la révolution de **1789**, aux seigneurs, en vertu de ce principe du droit féodal que le seigneur était propriétaire de tout le territoire compris dans son fief, et qui n'avait pas été aliéné; c'est ce qu'on exprimait dans les coutumes par ces mots: « *Nulle terre sans seigneur.* »

La loi du **10** juin **1793** a attribué aux communes les *marais*, *palus*, et en général *les terres gâtes*, *vaines et vagues*, *biens hermes et vacans.*

D'autres biens communaux, comme les prairies et marais des vallées de la Sèvre, de l'Autise, de la Loire, de l'Authion, ont été concédés par les seigneurs aux habitans et manans des paroisses riveraines, moyennant certaines redevances féodales, qui ont été abolies en même temps que la féodalité (1).

(1) Les communaux de la Sèvre-Niortaise et de ses affluens ont été donnés par la famille de Lusignan, qui a possédé la presque totalité des marais de la Sèvre depuis Vix, dans l'arrondissement de Fontenay, jusqu'à Boisragon, dans le canton de Saint-Maixent. Les habitans des paroisses ont reçu ces donations, soit directement de la maison de Lusignan, soit des seigneurs ses feudataires, ses vassaux, ses vavasseurs, ou des abbayes qui en avaient eu la première concession. Une charte de 1170 atteste que Burgonne de Rancon, dame de Lusignan et veuve de Hugues, sire de Lusignan, et ses fils Geoffroy, Guy et Amauri de Lusignan, seigneurs de Benet, ont concédé les marais de la Sèvre et n'ont réservé que des droits féodaux. On voit aussi, par un acte du 21 octobre 1463, qui se trouve aux archives de l'hospice de Luçon, que les abbés, prieurs et religieux de Luçon ont abandonné et délaissé aux habitans de Luçon, de Beugné-l'Abbé et des Magnils-Reigners les pâturaux des communautés desdits lieux, moyennant la rétribution d'un boisseau d'avoine par tête de bétail.

On croyait alors, peut-être avec raison, être très utile aux habitans des campagnes, en leur abandonnant d'immenses terrains pour le pâcage commun de leurs bestiaux. Mais une grande partie du sol était vague et inculte, et c'était de la part des seigneurs un moyen de l'utiliser pour leurs vassaux et pour eux, que de le donner pour le pâcage des bestiaux. Ils s'attachaient ainsi les populations et les associaient à la défense du sol contre les entreprises de leurs rivaux et contre les ravages des élémens. C'est avec le concours des populations qu'ils avaient ainsi intéressées, qu'ont été tirés du sein des eaux plusieurs des domaines en question.

On attribue, souvent à tort, à l'ignorance et à de faux préjugés, les usages des temps anciens. Il faut bien connaître les conditions d'existence d'une époque pour en juger les événemens. Des faits qui peuvent paraître des abus dans notre temps ont pu être fort rationnels dans le temps où ils se sont accomplis.

Il paraît que, dans les derniers siècles de l'ancienne monarchie, les seigneurs qui, aux douzième, treizième et quatorzième siècles s'étaient montrés si disposés à doter les populations de biens communaux et de droits de pâcage, ne se montrèrent pas moins disposés à reprendre ce qu'ils avaient donné dans d'autres temps et dans d'autres circonstances. Divers actes émanés du pouvoir royal constatent et répriment, dès le seizième siècle, cette tendance nouvelle. Une ordonnance d'Henri III, d'avril 1569 fait *défense à toutes personnes de quelqu'état et conditions qu'elles soient, de prendre et s'attribuer les terres vaines et vagues, pâtis et communaux de leurs sujets*. D'autres édits de 1667 et de 1749 portent les mêmes défenses.

En 1667, plusieurs seigneurs s'étant emparés, sous différens prétextes, des communaux de leurs vassaux, Louis XIV ordonna qu'ils fussent restitués sous un mois. Indépendamment du sentiment de justice qui devait commander cette restitution, le grand roi avait encore raison de l'ordonner sous le rapport de l'intérêt public; car ces biens, sans les droits de pâcage qu'y exerçaient les habitans, auraient été entièrement inutiles et improductifs. Il n'y avait en France alors ni assez de bras, ni assez de capitaux qui fussent consacrés à l'industrie agricole pour pouvoir mettre ces terres en culture.

Quoiqu'il en soit, nous sommes loin des temps où les famines, les inondations et les guerres intestines désolaient le pays et décimaient les populations. L'état de la société a changé; la condition des classes agricoles s'est profondément modifiée; la propriété et l'exploitation du sol se sont divisées et se sont assises sur d'autres bases, et les communaux, qui ont pu être utiles aux populations à une autre époque, ne remplissent même plus aujourd'hui le but spécial que leur avaient assigné ceux qui les avaient donnés aux paroisses. En effet, presque toutes les chartes de donations des seigneurs établissent que ces terrains ont été donnés pour les manans et habitans pauvres des paroisses. Le but de la loi de 1793 était aussi de favoriser les classes prolétaires, lorsqu'elle a donné aux communes toutes les terres vaines et vagues de leur territoire. Cependant aujourd'hui, par suite des mouvemens et des mutations qui ont eu lieu dans les propriétés, ce sont les manans et habitans pauvres ou les prolétaires qui profitent le moins des biens communaux. En effet, les manans et habitans pauvres des paroisses, ou les prolétaires, ne peuvent pas se procurer et entretenir beaucoup de bestiaux; ils ne peuvent pas profiter, par conséquent, des produits d'un vaste communal dans la même proportion que ceux qui élèvent plusieurs têtes de bétail. La plupart des bestiaux qui vont dans les pâturages communs appartiennent à des fermes dont les propriétaires habitent des grandes villes éloignées; ainsi ce sont des banquiers de Paris, des négocians de Nantes, des juges de Poitiers, qui profitent le plus des communaux donnés aux manans et habitans pauvres des paroisses du Bas-Poitou! Que diraient le sire de Lusignan et sa femme, la fameuse Merlusine, Eustache Chabot, s'ils revenaient dans les communaux de la Sèvre et s'ils voyaient les nombreux bestiaux des fermes de quelques opulens personnages qui demeurent à cent lieues de là, dévorant et foulant aux pieds les pâturages qu'ils avaient donnés pour la vache du pauvre hutier? Il y a telle commune où les fermiers des riches propriétés envoient dans les communaux des troupeaux supérieurs en nombre à celui que peut nourrir le communal, d'où il suit que l'herbe est presque aussitôt dévorée et que les habitans pauvres ne peuvent pas, en réalité, jouir des droits qui leur ont été concédés par leurs anciens seigneurs ou par les législateurs de la révolution. Dans d'autres communes, au contraire, les réglemens locaux rédigés par les administrations municipales, sous l'influence des sentimens de jalousie, trop communs aujourd'hui contre les grands propriétaires, ne permettent d'envoyer dans les communaux que deux ou trois têtes de bétail; il en résulte que les cultivateurs des grandes exploitations ne peuvent pas élever tout le bétail dont ils auraient besoin et qu'ils pourraient nourrir aisément, si la partie de la commune la plus propre aux prairies naturelles n'était pas livrée à une jouissance indivise et illusoire.

Puisque le but des donateurs de ces terrains n'est pas rempli et ne peut pas l'être, il est donc juste, il est essentiel, sous d'autres rapports, de changer l'état actuel de ces communaux qui n'est en harmonie ni avec les traditions du passé, ni avec les besoins du présent, ni avec les exigences de l'avenir.

Il existe, à ce sujet, une unanimité d'opinions vraiment rare de nos jours. Le gouvernement, les chambres, les conseils généraux, les sociétés d'agriculture, tous les économistes, sont d'accord pour reconnaître l'utilité de la mise en culture de tant de milliers d'hectares aujourd'hui si peu productifs. Les conseils municipaux eux-mêmes, dans les départemens où l'on a déjà renoncé à la jouissance commune de ces terrains, ont reconnu les bons effets de cette mesure. « Il y a tout au plus quinze ans, a dit der-« nièrement M. Leclerc-Thouin, dans un ouvrage sur « l'agriculture de l'Ouest, ces sortes de propriétés, vouées « à une honteuse stérilité, existaient en parties considéra-« bles sur Maine-et-Loire. Parler de les aliéner ou de les « utiliser eut été un blasphême aux yeux des basses classes. « Aujourd'hui, cependant, beaucoup ont été vendues, « beaucoup ont été affermées, et la plupart de ce qui « reste cessera bientôt d'être livré au parcours. » Grâces aux ressources qui ont été ainsi recueillies, des communes de Maine-et-Loire ont fait de grands travaux d'utilité publique, et entr'autres des chemins et des ponts sur la Loire qu'elles n'auraient jamais pu exécuter autrement.

On objecte cependant qu'en faisant cesser la jouissance commune de ces biens, on cause un tort considérable à la classe nombreuse et intéressante des *bordiers* et des journaliers qui ne sont ni fermiers, ni propriétaires de prairies, et qui, à la faveur de ces pâturages communs, peuvent avoir quelques bestiaux avec lesquels ils font, en partie, vivre leur famille. D'après ce système, il se trouverait dans les intérêts d'une certaine classe de la société que les sources de production et de richesse ne fussent pas augmentées. Il n'en pourrait être ainsi : en effet, si cent hectares de terrains communaux, livrés au parcours, ne produisent, dans leur état actuel, que le quart de ce qu'ils pourraient produire dans l'état de culture, il est bien évident que tous les membres de la famille communale perdent les trois quarts des élémens de consommation et des moyens d'existence qu'ils pourraient retirer de ces terrains communaux. Les bordiers et les journaliers éprouvent eux-mêmes cette perte; car, d'un côté, s'ils cessaient de jouir du faible avantage d'envoyer quelques bestiaux dans les terres communales, d'un autre côté, ils auraient leur part dans l'augmentation du bien-être général qui résulterait, pour les habitans de la commune, de l'accroissement dans la masse des produits. La richesse publique est comme l'eau des fleuves qui fécondent nos vallées; si l'une des sources qui alimentent un fleuve devient plus abondante, l'eau qu'elle produit se répand et prend le même niveau sur toutes les parties du fleuve qui se ressentent ainsi de l'augmentation générale du volume de l'eau; ainsi toutes les classes de la société se ressentent de l'augmentation de l'une des sources qui alimentent la fortune publique et de l'accroissement qui s'opère dans la masse générale des moyens d'existence.

« Il est à noter, disait, dans un de ses derniers numé-

« ros, le Journal d'Agriculture pratique, que là où des « communaux ont été soustraits à la vaine pâture, les « fourrages et les animaux sont précisément les deux pro- « ductions qui ont le plus augmenté en quantité. »

D'ailleurs, la mise en culture des communaux, en augmentant la masse des produits agricoles, augmenterait aussi nécessairement les moyens de travail pour toute la population communale. Quatre cents hectares de plus à cultiver dans une commune de cent ménages, peuvent procurer de l'ouvrage à toutes les familles qui ont besoin de travailler pour vivre. En réalité, les bordiers et les journaliers sont donc les plus intéressés à la mise en culture des terrains communaux!

Cependant les propriétaires ont aussi un intérêt majeur à la réalisation de cette grande mesure. Il ne faut pas se dissimuler qu'un jour viendra bientôt où les conseils municipaux des campagnes, composés en général de petits cultivateurs, useront partout du droit que leur accorde la loi du 18 juillet 1837, de régler le mode de jouissance et le partage des produits des communaux. Ils limiteront à deux ou trois le nombre des bestiaux que chaque habitant pourra envoyer dans les pâturages communs, et de cette manière les propriétaires éprouveront tous les fâcheux effets de l'état de jouissance indivise des biens communaux, sans en retirer aucun avantage sérieux. Ils seront obligés de continuer à concourir, dans la proportion du principal de leurs contributions, à toutes les dépenses et à toutes les charges des communes qui, ne retirant aucun produit de leurs biens, sont si pauvres malgré toutes leurs richesses territoriales qu'elles sont obligées, chaque année, de s'imposer extraordinairement pour pourvoir à tous leurs besoins.

Les fermiers des grandes propriétés ne pourront envoyer dans les communaux qu'un nombre de bestiaux insignifiant relativement à l'importance de leur exploitation, et les propriétaires, à côté de leurs fermes privées des fourrages indispensables, verront sans culture de vastes et excellentes prairies dont ils ne pourront jamais acheter ni une partie du sol, ni même une partie des produits. Ce sera le supplice de Tantale! Ils paieront des impôts pour acquitter des dépenses communales qui seraient aisément soldées par les revenus de biens communaux dont ils ne jouiront pas, et dont la commune s'obstinera à ne pas tirer parti!

Livrez donc ces biens à l'industrie privée, et l'intérêt particulier déploiera toutes les ressources de l'activité et du travail pour opérer les améliorations nécessaires. Des irrigations ou des desséchemens, suivant les lieux, des plantations, des engrais, des clôtures, des cultures nouvelles, convertiront ces terrains improductifs en riantes prairies, en vallées fraîches et ombragées, en riches jardins ou en plaines fertiles.

Pour réaliser le vœu si unanime de voir livrer à la culture et à l'industrie privée les biens communaux, il y a quatre modes à employer :

1° Le partage gratuit entre les habitans;

2° Le partage moyennant une redevance annuelle;

3° La location;

4° La vente.

Je vais examiner successivement la légalité, les avantages et les inconvéniens de ces quatre modes.

Le PARTAGE GRATUIT des biens communaux entre les habitans a été autorisé par la loi du 10 juin 1793. Il a été suspendu par la loi du 21 prairial an IV, et modifié essentiellement par la loi du 9 brumaire an XIII, mais le droit lui-même n'a jamais été formellement aboli, et souvent encore on voit des habitans et des conseils municipaux demander l'autorisation de procéder à de nouveaux partages gratuits. La jurisprudence administrative a été constamment opposée à cette mesure, et je n'ai pas connaissance qu'aucune autorisation de ce genre ait été donnée depuis la loi du 21 prairial an IV.

La loi du 10 juin 1793, permettant le partage des biens communaux, était le résultat de l'effervescence démocratique du moment; elle consacrait un principe d'iniquité, une spoliation arrachée à la faiblesse par la cupidité.

« La propriété des biens communaux, comme l'a dit « le ministre du commerce et des travaux publics, dans « une circulaire du 6 août 1836, ne repose pas sur la tête « des habitans; elle appartient à la commune seule, c'est- « à-dire à cet être moral qui représente aux yeux de la « loi les intérêts présens et à venir qui forment la com- « munauté, et ce ne pourrait être sans une violation ma- « nifeste du droit qu'on attribuerait aux habitans actuels, « à titre particulier, la propriété de biens qui appartien- « nent aux générations futures aussi bien qu'à eux-mêmes, « et qui ne pourraient être possédés et exploités qu'au « profit de la communauté. »

Les habitans actuels auxquels on attribuerait en toute propriété les biens communaux, pourraient se retirer de la commune ou vendre leurs biens à des étrangers, et, avant un demi-siècle, la grande majorité des habitans ne posséderait aucune partie des terrains qui cependant étaient destinés à améliorer le sort des seuls habitans. Il ne faut pas que les générations actuelles dévorent ce qui appartient aux générations futures. Il est donc juste de ne point appliquer la loi du 10 juin 1793 dans la disposition qui établit le principe du partage gratuit des biens communaux entre les habitans.

Le PARTAGE, moyennant une redevance au profit des communes, ne présenterait pas le même caractère d'iniquité que le partage gratuit, puisqu'il produirait des ressources dont les générations futures pourraient faire usage comme les générations présentes, mais ce partage, à titre onéreux, comme le partage gratuit, serait difficile à exécuter et préjudiciable aux intérêts généraux. Il ne serait qu'un remède inefficace à l'état fâcheux dans lequel se trouvent les terrains communaux.

D'abord le partage moyennant une redevance annuelle offrirait beaucoup de difficultés d'exécution. Aurait-il lieu par tête ou par famille? Le partage par tête avait été adopté par la loi du 10 juin 1793, mais il a été prohibé par la législation postérieure relative à la jouissance des biens communaux. Aujourd'hui le partage des affouages communaux se fait par feu. Si le partage des biens se fait par feu ou par famille, comme se fait maintenant le partage des fruits, les familles nombreuses n'y participeront pas proportionnellement avec le même avantage que les autres, et ce sera une choquante inégalité au préjudice des familles les plus dignes d'intérêt. Si le partage se fait par tête, la génération elle-même qui partagera se trouvera divisée en deux fractions, ceux qui ont des biens communaux et ceux qui n'en ont pas, car ceux qui ne naîtront ou n'acquerront des droits au partage que le lendemain de l'opération, se trouveront dépouillés des avantages de ceux qui auront partagé la veille. Ils n'auront aucune part dans des terrains qui leur appartenaient cependant aussi bien qu'à ceux qui s'en seront emparés.

Appellera-t-on au partage les propriétaires des fermes dont les bestiaux ont l'usage du parcours dans les communaux. Si on les y admet, dans quelle proportion fixera-t-on leur part? Si on ne les y admet pas, on les dépouillera seuls d'un droit acquis, d'un avantage dont ils avaient jusqu'à présent la jouissance concurremment avec les habitans.

D'ailleurs, que feraient la plupart des habitans des parcelles de communaux qui leur auraient été concédées? Pour mettre ces terrains en culture et y faire toutes les améliorations dont ils sont susceptibles, il faut des capitaux, du temps, des travaux intelligens, et la plupart des habitans des campagnes, qui vivent à peine du salaire de leurs journées et qui n'ont d'autres connaissances agricoles que celles provenant d'une aveugle routine, n'auront ni les moyens ni la volonté de faire les grands travaux nécessaires dans ces terrains, tels que des défrichemens, des canaux, des constructions; ils laisseront donc ces biens dans l'état où ils se trouvent. Dans ces familles pauvres qui n'auraient pas d'autres propriétés, ces petits héritages se subdiviseraient bientôt entre tous les enfans, en parcelles imperceptibles et impossibles à cultiver. Le partage, loin d'être un moyen de progrès agricole, pourrait donc devenir une cause nouvelle et irrémédiable de stérilité.

La location aurait encore plus d'inconvéniens peut-être que le partage; elle ne donnerait que de très faibles avantages, car la plupart des communaux qui ne produisent dans l'état actuel que des joncs, des bruyères, des roseaux, ou un maigre pâturage, n'auraient que peu de valeur de location. D'un autre côté, de simples fermiers des terrains communaux ne se décideront pas à faire les travaux importans et les grandes dépenses qu'ils exigent. Pour faire de semblables opérations, il faut avoir l'espérance d'en jouir dans l'avenir ou au moins d'en laisser la jouissance aux siens. On ne sème que pour récolter! Les essais de location qu'on pourrait tenter seraient donc généralement infructueux, et les joncs, les roseaux, les landes et les bruyères continueraient à désoler une partie notable de la France.

La VENTE est sans contredit le mode le plus efficace, le plus facile et le plus avantageux pour tout le monde. Par la vente seulement, l'intérêt propriétaire, si actif et si puissant, sera excité à entreprendre l'œuvre pénible mais féconde de mettre en culture les terrains communaux. Par la vente seulement, des capitaux considérables seront mis en circulation dans les communes pour tous les travaux d'amélioration qui seront nécessaires pendant un grand nombre d'années, et ces capitaux se distribueront naturellement dans les classes pauvres et laborieuses de la société. Par la vente seulement, les propriétaires seront mis en position d'acquérir les portions de communaux nécessaires à l'exploitation de leurs fermes; ils pourront ainsi augmenter leurs moyens de culture et de production de bestiaux. La vente seule donnera aux communes des ressources considérables qui permettront de dégréver les propriétés des impositions dont elles sont sans cesse et de toutes parts chargées pour subvenir aux dépenses communales. La vente procurera une nouvelle et importante source de richesses à l'état par les droits d'enregistrement sur les mutations et les transactions auxquelles donneront lieu ces biens, qui sont véritablement aujourd'hui des biens de main-morte.

La vente présentera peu de difficultés. Les droits des tiers, s'il en existe, seront préalablement réglés à l'amiable entre ces tiers et les administrations municipales, ou par les tribunaux civils, conformément aux titres sur lesquels ils sont fondés et aux lois sur la matière (1).

Les enquêtes de *commodo* et *incommodo*, prescrites par les lois pour les aliénations de biens communaux, serviraient à mettre les intéressés en demeure de faire valoir leurs droits, en adressant un mémoire motivé à l'autorité supérieure comme pour toutes les instances judiciaires à intenter contre les communes, et comme il importe, pour que la vente soit facile et avantageuse, que l'acquéreur ne puisse avoir aucune crainte sur la validité de son achat et sur l'étendue et le caractère de sa possession, il faudrait, contrairement aux règles du droit commun, établir la déchéance de tout prétendant qui, après les publications officielles, n'aurait pas fait connaître ses prétentions et exhibé ses titres dans un délai déterminé pendant lequel il serait sursis à la vente. Une fois les ventes consommées, les difficultés résultant de ces actes administratifs seraient, conformément aux principes de notre législation, soumi-

(1) Ainsi, dernièrement, à la porte de Niort, la commune de Benet a eu besoin, pour payer des dettes, de vendre un marais qu'elle possédait à Coulon, et sur lequel la commune de Lesson et trois propriétaires riverains avaient des droits; elle a d'abord fait régler ces droits, et a ensuite procédé à la vente de sa portion sans aucune difficulté.

ses aux tribunaux administratifs comme l'a été le contentieux des domaines nationaux en vertu de la loi du 28 pluviôse an VIII.

La seule difficulté viendra de la résistance ou de l'inertie des communes. Quoique tout le monde reconnaisse la nécessité de mettre en culture les terrains communaux, l'ignorance, la routine, les préjugés, les plus minces intérêts particuliers, dominent encore à ce sujet un grand nombre de conseils municipaux, et l'emporteront toujours sur les véritables intérêts des communes et sur les besoins de l'agriculture. Le ministre de l'agriculture et du commerce (M. Passy), dans une circulaire adressée aux préfets le 6 août 1836, reconnaissait l'inutilité des efforts faits jusqu'à présent pour obtenir des communes la mise en culture de leurs biens. « Le gouvernement, disait le mi-
« nistre, a épuisé tous les moyens pour y amener les ad-
« ministrations municipales; il a multiplié les instructions
« et les circulaires; ses tentatives ont échoué contre l'igno-
« rance et l'esprit de routine, et souvent aussi, il faut le
« dire, dans le sein même des conseils municipaux, contre
« des intérêts nombreux et puissans. La législation actuelle
« ne donne aucun moyen pour vaincre d'aussi funestes
« résistances. Le décret du 9 brumaire an XII, base de
« cette législation, veut que les changemens de mode de
« jouissance ne soient autorisés que sur la demande for-
« melle des conseils municipaux, et refuse à l'administra-
« tion le droit d'ordonner, sans leur consentement, les
« mesures qui pourraient être réclamées par les besoins de
« l'agriculture et les intérêts bien entendus des commu-
« nes. Sans doute, le principe de l'indépendance commu-
« nale doit être respecté; il faut se garder de porter atteinte

« au droit, qui appartient aux administrations municipales, « de régler elles-mêmes les intérêts des communes, mais « on doit cependant reconnaître que ce principe salutaire « doit quelquefois fléchir devant des considérations d'un « ordre plus élevé, et que, dans certaines circonstances, « la loi doit donner à l'administration supérieure le pou- « voir d'intervenir pour protéger les intérêts communaux « contre les dangers d'une mauvaise gestion. »

Ces réflexions du ministre sont justes et vraies. L'application en a déjà été faite avec succès, en ce qui concerne les chemins vicinaux par la loi du 21 mai 1836. On sait quel était, avant cette époque, l'état des chemins, et quel progrès s'est déjà opéré sous l'influence de la législation moderne. Qu'une nouvelle loi, relative aux biens communaux, soit donc aussi donnée par le pouvoir législatif! qu'elle prescrive l'aliénation de tous ceux de ces biens qui seraient reconnus susceptibles d'être mis en culture, et le placement, soit en rentes sur l'état, soit autrement, de tous les capitaux qui en proviendront. Que les conseils municipaux soient mis en demeure de se conformer à ces prescriptions, et que, dans le cas où ils négligeraient ou refuseraient de le faire, l'aliénation de ces biens puisse être effectuée d'office par l'administration supérieure, en vertu d'une ordonnance royale, s'il s'agit d'une valeur de plus de 3,000 fr.; et, dans les autres cas, en vertu d'un arrêté du préfet, en conseil de préfecture, après enquête *de commodo* et *incommodo*. L'administration réglerait, suivant les lieux et les circonstances, les conditions de la vente. Dans telle localité, il y aurait avantage à vendre en détail; dans telle autre, il pourrait être préférable de faire de gros lots pour favoriser de grands et indispensables travaux d'améliorations. L'appréciation de toutes circonstances appartiendrait aux autorités chargées de la gestion des intérêts communaux, suivant leurs attributions respectives.

Quelques esprits scrupuleux ont craint qu'une semblable loi ne fut inconstitutionnelle, parce que la charte a déclaré inviolables toutes les propriétés sans exception, et qu'une loi ne pourrait pas forcer une commune à vendre une propriété que la constitution déclare inviolable entre ses mains. Il est facile de répondre à cette objection beaucoup plus spécieuse que fondée. A Dieu ne plaise que je veuille jamais demander, sous quelque prétexte que ce soit, une infraction au principe de l'inviolabilité de la propriété qui fait la base de l'ordre social, mais d'abord la Charte elle-même établit qu'on peut être contraint de céder sa propriété pour cause d'utilité publique. Or, s'il est démontré que l'utilité publique exige l'aliénation des terrains communaux, la loi qui interviendrait à ce sujet ne ferait que régulariser l'application d'un principe même de la Charte. D'ailleurs, d'après les bases fondamentales de notre droit, les communes ont toujours été et sont encore mineures, et, par conséquent, le gouvernement, tuteur des communes, a le droit d'ordonner par des dispositions législatives tout ce qui est utile aux intérêts bien entendus de ses mineurs. Chaque jour les tribunaux font vendre des biens de mineurs, parce qu'il leur semble préférable, dans les intérêts des familles, de les échanger pour des capitaux. Ce serait précisément ce que feraient le gouvernement et les chambres relativement aux communes et à leurs biens. La constitution et l'équité ne permettent certainement pas de dépouiller les communes de leur fortune, mais elles permettent et elles commandent même d'en tirer, par tous les moyens, le meilleur parti possible. Or, la vente des biens communaux et le placement, en rentes sur l'état ou autrement, des fonds qui en proviendraient, seraient certainement des actes d'une bonne et habile tutelle.

Quels avantages, en effet, retireraient les communes de l'aliénation de ces biens réduits à ne donner qu'une misérable pâture à quelques bestiaux! Avec les ressources importantes qu'elles se procureraient par ce moyen, elles pourraient réaliser les vœux généreux et légitimes qui s'élèvent de toutes parts en faveur des classes laborieuses des campagnes, si dignes d'intérêt et d'affectueuse pitié. Les paysans qui fécondent le sol de la patrie par leur travail, qui l'arrosent de leurs sueurs, qui le défendent sous les drapeaux, au prix de leur sang, n'ont, en échange de tant de sacrifices, qu'une vie de privations et de misère. Parcourez les villages même les plus riches en biens communaux, et le douloureux spectacle qui s'offrira à vos regards suffira pour vous convaincre du peu d'avantages que procure aux populations la jouissance indivise de ces terrains. De chétives habitations sans lumière et sans air; des rues infectes et bourbeuses où se traînent des enfans déguenillés; des femmes, des vieillards, des malades en proie à toutes les douleurs humaines sans pouvoir espérer les secours de l'art et de la charité publique; des hommes vigoureux manquant de pain et d'ouvrage dans la saison la plus cruelle de l'année, constatent qu'avec des propriétés qui valent plusieurs centaines de mille francs, des communes, de quelques dizaines de ménages, n'ont aucune des institutions qui devraient former la base de toutes les associations chrétiennes et civilisées.

Avec le revenu annuel des fonds provenant de la vente de leurs biens, ces communes pourront établir des hospices, des bureaux de bienfaisance, des distributions d'alimens, de médicamens et de combustibles, des ateliers de charité, des écoles, des salles d'asile.

Les manans et habitans des paroisses, pour me servir des anciennes expressions des chartes, qui s'assureront ainsi des moyens de moralisation et d'instruction pour leurs enfans, des secours pour leur vieillesse, des soins éclairés et des remèdes pour leurs maladies et celles de leurs familles, des voies de communication faciles pour leurs relations, des édifices décens et salubres pour l'exercice de leur culte, des ateliers où ils seront reçus lorsqu'ils n'auront pas d'ouvrage, ne seront-ils pas plus heureux que ceux qui continueront à ne retirer qu'un maigre pâturage de leurs biens communaux. Si les donateurs de ces terrains, les bienfaiteurs des communes, les comtes de Poitou et d'Anjou, les Anne de Bretagne, les Jeanne de Laval, les Merlusine, pouvaient revenir au milieu de nous interpréter leurs volontés et expliquer leurs chartes, ils nous diraient, sans aucun doute, comme les législateurs de la révolution :

« Nous avons donné ces biens aux communes pour « améliorer le sort de leurs habitans, et c'est exécuter nos « intentions que d'en tirer le meilleur parti possible, dans « les intérêts des classes laborieuses des campagnes. C'est « parfaitement réaliser nos vœux que d'aliéner aujour- « d'hui ces terrains pour créer aux associations commu- « nales les ressources dont elles manquent, et pour les « doter des établissemens dont elles ont si grand besoin. »

SUR LA VAINE PATURE,

PAR M. DE SAINTE-HERMINE.

QUESTION 4. Quelle influence exercent sur l'agriculture le parcours et la vaine pâture? et comment les anéantir?

Il faut d'abord bien définir ce qu'on entend par parcours et vaine pâture, car il résulte des écrits publiés sur la matière qu'on n'a pas toujours parfaitement compris le sens légal et rigoureux de ces deux mots.

D'après la loi d'octobre 1791 (art. 11, sect. 4), le *parcours* est une servitude, en vertu de laquelle deux ou plusieurs communes peuvent envoyer réciproquement leurs bestiaux paître sur leur territoire respectif, dans le temps où la vaine pâture est permise.

La *vaine pâture* est la servitude, en vertu de laquelle on peut envoyer son troupeau en pâturage sur le terrain d'autrui, quand ce terrain n'est ni couvert de fruits, ni ensemencé.

Dans l'ancienne province du Poitou, la vaine pâture était une servitude légale, écrite expressément dans la coutume du pays. En vertu de cette coutume et des usagess combinés avec la loi de 1791, la vaine pâture s'exerce d a n les terres labourables non closes, un mois après la récolte, et dans les prés non clos, immédiatement après la récolt e ou seulement après la seconde coupe dans ceux où on fait des regains; cependant, il suffit qu'un agriculteur trace un sillon autour de son champ, pour que les usagers de la vaine pâture doivent le respecter et s'abstenir d'y conduire leur bétail. Mais, à l'égard des prés non clos soumis au commun pâturage, il n'est pas possible à celui qui les cultive de se les réserver lorsqu'il en a recueilli les fruits. Or, comme dans la Plaine la plus grande partie des terres sont emclavées sans clôture les unes avec les autres, et comme les prés se trouvent dans la même situation, au milieu des vallées, il en résulte que la plus grande partie des champs et des prés se trouvent soumis au régime de la vaine pâture.

Toutefois, la loi de 1791, en permettant à tout propriétaire de se clore, diminue sensiblement, chaque jour, la servitude de la vaine pâture, mais il n'est pas toujours possible de recourir à ce moyen, parce qu'il faut laisser à ses voisins des droits de passage, ou qu'il faudrait en acheter qui coûteraient fort cher. Ce serait une folie d'espérer voir mettre en clôture les innombrables parcelles qui couvrent nos contrées.

Presque tous les cultivateurs se plaignent du parcours et de la vaine pâture. Ils trouvent injuste que ceux qui n'ont aucune portion du sol à exploiter, entretiennent des bestiaux qu'ils font vivre aux dépens d'autrui, sans aucune réciprocité. La loi de 1791, qui a permis de se soustraire à l'usage de la vaine pâture, au moyen de clôtures, aurait elle-même aggravé cette servitude pour ceux qui sont obligés de la supporter; il en résulte, en effet, pour ceux qui ne peuvent pas employer ce moyen, que, par suite des nombreuses clôtures qui s'effectuent chaque jour, ils ont à supporter une gêne toujours croissante et des charges plus lourdes, parce que le même nombre de bestiaux est réparti sur un moindre espace, et que certains terrains se trouvent seuls grévés du droit de passage que tous supportaient précédemment.

Aussi, les conseils généraux demandent presque unanimement la suppression soit immédiate, soit progressive, du parcours et de la vaine pâture qu'ils représentent comme grévant la propriété, sans profit pour l'agriculture, ou même comme une cause incessante de dévastation. Dans la session de 1843, quarante-trois conseils en ont demandé l'abolition soit immédiate, soit progressive, soit avec faculté de rachat, soit même sans aucune indemnité. Les conseils généraux des quatre départemens du Poitou et de la Saintonge, ont, à diverses époques, émis des vœux conformes.

En 1843, le conseil général de la Charente-Inférieure a déclaré que la vaine pâture et le parcours doivent être supprimés; qu'ils causent de grands dommages; qu'ils sont presqu'inutiles aux pauvres, et sont même une école de démoralisation et de brigandage.

Trois conseils généraux seulement, en 1843, ont demandé le maintien de la vaine pâture, par le motif que la suppression de ce droit exciterait des réclamations et nuirait aux habitans des campagnes.

Il est certain, en effet, que la suppression du parcours et de la vaine pâture serait un éminent service rendu à la prospérité agricole de France. Mais, il ne faut pas se le dissimuler, la prompte et entière abolition de ces servitudes bouleverserait de nombreuses existences et exciterait la plus vive irritation dans une portion considérable et très intéressante de la population, qui n'élève de bestiaux que parce qu'elle trouve dans la vaine pâture le moyen de les nourrir, hors de l'écurie, pendant plusieurs mois de l'année. Malgré l'incontestable bienfait de la mesure en question, il importe donc de ne l'appliquer que progressivement et avec ménagement, comme l'ont demandé, à diverses époques, les conseils généraux de l'ouest de la France.

L'usage le moins nuisible de la vaine pâture, c'est, il me semble, celui qui s'exerce dans les champs non clos et dépouillés de leurs récoltes ; c'est aussi le plus nécessaire et celui qui fait le plus de bien aux classes pauvres des campagnes, car l'expérience a démontré que si, pour les bêtes à cornes et pour les chevaux, la nourriture et le soin à l'étable peuvent être plus avantageux, il n'en est pas ainsi pour les bêtes à laine, qui ont besoin de parcourir les champs. Prononcer l'interdiction de la vaine pâture, pour les bêtes à laine, dans les champs non clos, ce serait empêcher les cultivateurs pauvres d'en avoir aucune, et cependant on sait que, dans la plupart des communes, elles sont, pour un grand nombre de familles malheureuses, une ressource dont il serait cruel de les priver, sans leur offrir une compensation immédiate. Ce serait aussi affaiblir considérablement une production importante de l'agriculture française, et nuire à toutes les classes de la société, en diminuant la matière première qui sert à leur faire des vêtemens.

M. Gillon, dans un rapport fait à la chambre des députés, le 17 juin 1836, sur la nécessité de supprimer le parcours et la vaine pâture, prétend qu'il ne faut pas être arrêté par la pensée d'empêcher les familles pauvres d'élever quelques moutons, parce qu'elles gagnent infiniment moins qu'elles ne croient à élever cette espèce d'animaux, et qu'aujourd'hui, que l'occupation ne manque nulle part, c'est une mauvaise spéculation pour une famille mal à l'aise de donner son temps à travailler quelques livres de laine pour son usage ; que les vêtemens qu'elle se prépare de la sorte, sont beaucoup plus coûteux que ceux qu'elle trouverait dans le commerce. M. Gillon soutient que la possession d'une vache, qui donnera un ou deux veaux par an, dédommagera amplement de la privation de six moutons, et que, par la suppression de la vaine pâture, cette augmentation d'une vache sera facile pour les ménages pauvres, parce que les prairies artificielles et les plantes légumineuses se multiplieront, et le fourrage deviendra moins cher. Quelle que soit la vérité de cette réflexion, il n'en est pas moins certain que la suppression de la vaine pâture, dans les champs non clos, enlèvera aux populations pauvres des campagnes une de leurs principales ressources actuelles, et qu'elle diminuera la production de la laine. Je crois donc qu'il faudrait maintenir la suppression de la vaine pâture dans les champs non clos. Il serait utile, par exemple, de généraliser l'usage, par suite duquel un champ est affranchi de la vaine pâture, lorsqu'on a fait à ses limites un monticule, un sillon, ou tout autre signe symbolique. Mais, dans les prés, l'usage de la vaine pâture ne présente pas la même utilité pour les pauvres, et il a les plus grands inconvéniens pour la propriété agricole du pays. Par suite de ce désastreux usage, de magnifiques prairies sont livrées au pâturage aussitôt que la première herbe en est récoltée. Les propriétaires, qui en jouissent à peine pour y faucher les foins, ne peuvent point y donner tous les soins qui seraient nécessaires pour en multiplier et améliorer les produits; il n'est pas possible d'y faire aucune irrigation ni aucune plantation; on ne peut même pas en modifier le genre d'exploitation, suivant les exigences du sol. C'est enfin une propriété dont le propriétaire n'a qu'une très incomplète jouissance. Je crois qu'on peut évaluer, sans exagération, à un quart au moins du revenu des prés, la privation de jouissance et la perte des seconde et troisième herbes qu'occasionne au propriétaire la vaine pâture. Les avantages qu'en retireront les bestiaux de la contrée sont certainement loin d'établir une compensation avec cet énorme dommage. Dès les premiers jours où les bestiaux sont jetés pêle-mêle au milieu de ces belles prairies, l'herbe est brûlée sous les pieds, et le sol desséché n'offre aucune nourriture; le bétail retourne à l'étable, affamé et fatigué. En supprimant cette servitude, on aurait donc l'avantage de faciliter les améliorations dont ces prés sont susceptibles, de permettre la récolte de secondes herbes qui valent certainement beaucoup mieux que le pâcage pour lequel elles sont abandonnées, et, en outre, on contribuerait à détruire le fâcheux usage qu'ont les populations rurales d'envoyer, le plus longtemps possible, leurs bestiaux au pâcage; l'expérience a démontré que la vaine pâture n'est pas propre à entretenir les bonnes races, et que la meilleure manière d'élever des animaux, c'est de les nourrir à l'étable. Les prairies naturelles et artificielles se multiplieront pour nourrir les animaux à l'écurie, car la vaine pâture, qui détruit tant d'herbes précieuses dans les prairies naturelles, empêche encore de créer d'autres prairies. Les cultivateurs qui comptent sur la vaine pâture, songent moins à établir d'autres prairies naturelles et artificielles. Or, l'augmentation des prairies est le premier besoin de notre agriculture; comme l'a dit l'un de nos plus habiles compatriotes, dans ses almanachs si populaires : *Si tu veux du blé, fais des prés.* L'Angleterre et l'Allemagne ont les quatre cinquièmes de leur territoire agricole en prairies, et un cinquième seulement consacré aux céréales; chez nous, au contraire, plus des quatre cinquièmes du territoire agricole sont consacrés aux céréales. Les engrais deviendront d'autant plus abondans, qu'au lieu d'être perdus par suite des courses continuelles du bétail, à l'occasion de la vaine pâture, ils seront aisément recueillis et féconderont le sol. C'est ainsi que tout s'enchaîne et qu'un progrès en développe un autre.

Ainsi, d'après ces rapides observations, le parcours et la vaine pâture semblent devoir être maintenus pour les champs non clos, les vagues, les coteaux et les montagnes, pour faciliter aux classes pauvres l'entretien d'une vache et de quelques moutons, et la production de la laine, en généralisant toutefois l'usage qui existe dans une partie du Poitou et de la Saintonge, et qui permet de s'affranchir de cette servitude par un sillon, un monticule, ou tout autre signe symbolique.

Mais, en ce qui concerne les prairies, le parcours et la vaine pâture doivent être abolis le plus promptement possible, pour augmenter les fourrages naturels et artificiels, les plantations, les bestiaux, les engrais, et par suite les céréales.

Ces servitudes doivent, sans aucun doute, être supprimées, sans indemnité, si ce n'est dans le cas fort rare où il existerait des titres. En effet, il a été démontré par divers écrits que, malgré la variété de leur origine, elles se sont généralement établies par suite d'une tolérance qui n'avait pas d'inconvéniens dans les conditions où se trouvait alors l'agriculture, et qui même pouvait être avantageuse à plusieurs habitans des campagnes dans l'état ancien de la société et de la propriété. Mais aujourd'hui que tout a changé et que les abus sont bien reconnus, il y a lieu de dégréver simplement la propriété d'une charge qui ne lui est pas inhérente, si elle n'est pas le résultat d'un titre. D'ailleurs, si l'on admettait le principe d'une indemnité, qu'est-ce qui pourrait être appelé à la recueillir? Les usagers de la vaine pâture sur les prairies sont généralement les propriétaires des parcelles qui composent la prairie et quelquefois les habitans des environs qui ne forment aucune individualité légale, aucun corps moral, comme on dit au palais. Comment indemniser les membres épars d'une association qui n'a aucun titre d'existence, et dont le personnel se modifie chaque jour; car, il faut bien le remarquer, il n'en est pas pour la servitude comme pour les biens communaux, qui appartiennent à une commune ou à un village dont l'existence est constatée et à ses organes officiels.

Le principe du droit de la suppression de ces servitudes, sans indemnité a déjà été reconnu par toutes les lois antérieures. Les anciens parlemens ont rendu plusieurs arrêts par lesquels ils supprimaient ou limitaient au moins considérablement le parcours et la vaine pâture, *sans indemnité*.

La loi de 1791, qui régit aujourd'hui cette matière, en permettant à chacun de s'affranchir, *sans indemnité*, de la vaine pâture par une clôture de sa propriété, reconnaît et consacre le droit de cet affranchissement sans indemnité; et l'abolition totale de la servitude, sans indemnité, n'est qu'une application générale de la législation ancienne et actuelle. La demande d'une indemnité aujourd'hui serait donc une réaction contre la propriété, une véritable spoliation.

SUR L'ENSEIGNEMENT AGRICOLE,

PAR M. LARY.

MESSIEURS,

Vous avez exprimé une opinion favorable sur la proposition que je vous ai soumise, et qui tendrait à confier à l'instruction primaire l'importante mission de répandre dans toutes les classes de la société, le goût et même les élémens de l'art agricole. Votre vote m'encourage à vous faire une proposition semblable pour compléter l'œuvre que votre philantropie désirerait consommer, en améliorant la condition morale des populations rurales, et par voie de suite, leur condition matérielle. Je n'espère pas avoir trouvé le moyen le plus efficace d'atteindre un but placé si haut, car, peut-être n'est-il pas donné aux institutions humaines d'accomplir seules cette œuvre régénératrice. Je crois, pour mon compte personnel, que l'homme ne peut se passer de l'intervention de la religion pour arriver à ce terme de toute sociabilité; mais comme aussi il n'est pas moins évident à mes yeux que, dans l'état actuel d'indifférence religieuse où se trouve la société, il serait illusoire de trop compter sur ce secours et de négliger les moyens humains que nous avons à notre disposition, j'ai cru que, pour améliorer l'état moral de nos campagnes, il nous était possible, sans sortir de la sphère de nos attributions, de venir en aide à ceux qui ont plus spécialement reçu cette mission de l'autorité religieuse. Je vais donc faire une proposition tout humaine, tout administrative, ou si vous l'aimez mieux, comme je l'ai déjà dit, toute gourvernementale. Vous avez désiré que l'instituteur primaire fut le grand mobile de la propagation des doctrines agricoles; votre vote, d'une application facile, immédiate, ne sera pas méprisé, j'en ai la plus vive espérance; mais il est possible de compléter cette attribution, déjà élevée, par une création nouvelle qu'on annexerait à la précédente et dont elle serait le couronnement; cette mesure étendrait, il est vrai, les obligations de l'instituteur, mais elle augmentrait aussi son bien-être personnel et répondrait enfin à ces justes et incessantes réclamations parties de tous les points de la France, sur la position à peu près indigente où la loi a placé la plupart de nos instituteurs.

Les enfans de nos campagnes ne fréquentent guère l'école qu'en hiver, et jusqu'à un âge qui généralement ne dépasse pas 15 ans; à cette époque de la vie, l'enfant commence à rendre des services utiles à ses parens, il cesse par conséquent de recevoir les leçons du maître au moment même où son intelligence, plus développée, plus mûre, serait à la fois plus accessible aux impressions morales et à la culture de la raison, et c'est précisément alors, tant l'imprévoyance de la loi m'a paru grande, que ces infortunés, abandonnant à tout jamais l'école où leur raison naissante n'a pu être suffisamment prémunie contre l'ignorance et les maux qu'elle entraîne, ne reçoivent plus que les conseils et les lumières d'une génération plus ignorante et plus aveugle encore. Cette erreur de la loi, messieurs, tâchons de la réparer en éclairant les dépositaires de l'autorité, les mandataires du pouvoir électoral; avertissons le pouvoir électoral lui-même, que les bases sur lesquelles repose la loi de l'instruction primaire ne sont pas assez larges, qu'il ne suffit pas de laisser l'enfant jusqu'à l'âge de 14 ou 15 ans, qu'il faut encore et surtout s'emparer de son adolescence, afin de faire porter quelques fruits à son instruction première, et que pour la développer il faut fortifier le sentiment moral. A cet effet, et considérant que vers l'âge de 15 ans, les enfans de nos campagnes, déjà ouvriers, ne peuvent plus assister régulièrement aux leçons ordinaires de l'instituteur;

Considérant qu'il serait téméraire de compter sur une aussi faible dose d'instruction pour l'amélioration de l'état moral de la population rurale;

Considérant qu'il serait facile d'établir des cours particuliers pour cette période de la vie, qui auraient lieu soit les dimanches et les jours de fête, soit les jours ordinaires, pendant les veillées d'hiver, à peu près perdues pour le travail, sinon pour l'immoralité;

Considérant qu'en imposant au zèle des instituteurs de nouvelles obligations, il serait de toute justice d'augmenter leur traitement déjà si minime, et que leur position précaire appelle une prompte réparation légale;

L'assemblée, toujours attentive au double projet dont elle poursuit la réalisation, c'est-à-dire une plus complète diffusion des doctrines agricoles, et la moralisation des classes rurales, émet le vœu qu'une classe d'adultes soit créée dans chaque commune, et qu'à cet effet la rétribution annuelle de l'instituteur soit proportionnellement augmentée.

PROJET D'INSTITUT AGRICOLE,

PRÉSENTÉ PAR M. LARY.

Il y a plusieurs années qu'un projet d'un institut agricole fut discuté au sein de la Société d'Agriculture et pris en considération par elle; depuis, deux projets différens se sont également produits, mais sans amener un résultat plus heureux, bien qu'ils aient obtenu les honneurs d'une grave et solennelle discussion. Les difficultés de la question sont grandes sans doute, mais je suis persuadé qu'elles ne sont point insurmontables; mon intention est de faire ressortir la possibilité de fonder dans chaque département un établissement semblable. J'ignore si, en répondant à l'appel fait par la Société aux agronomes de nos contrées, j'aurai l'avantage de leur faire partager mes convictions; mais je me rendrai le témoignage d'avoir rempli une obligation que mes habitudes universitaires rendaient plus étroite pour moi; et peut-être auriez-vous pu vous étonner qu'un homme qui, pendant trente ans, a manié presque toutes les matières de l'enseignement de nos colléges, eût gardé le silence lorsqu'on agitait parmi vous une question qui n'est pas sans avoir des points de contact et des intérêts communs avec la grande question de l'enseignement public.

Je ne m'arrêterai pas au projet que j'ai entendu préconiser d'une ferme-modèle sans institut agricole ; pour atteindre le but que l'on doit se proposer, cette demi-mesure serait inefficace, et par là même dispendieuse, car les frais qu'elle entraînerait, tout aussi considérables que ceux d'une école d'agriculture, seraient évidemment sans compensation. Ici, il ne peut être question que d'un enseignement agricole, entouré de toutes les conditions qu'il entraîne, telles que ferme-modèle, applications journalières sur le terrain, théories régulièrement démontrées par un directeur à un nombre plus ou moins grand de jeunes agriculteurs, résultats des expériences rendus publics par la voie de la presse, etc.

Pour asseoir une semblable institution sur des bases solides, tout nous invite à rechercher et à suivre les traces de ceux qui nous ont précédés dans une voie qui est, si non inexplorée, du moins peu connue ; les lumières qu'ils ont semées sur leur passage, les obstacles qu'ils ont franchis, les succès qu'ils ont obtenus, les fautes même qu'ils ont pu commettre, rendront nos pas plus sûrs, nos efforts plus efficaces. Je vous demanderai donc la permission d'esquisser d'une manière succinte le tableau des progrès d'une école que recommandent à votre attention les talens et les succès de son directeur, et les services que, depuis huit ans, elle rend à trois départemens, je veux parler de l'institut agricole de Rennes, dirigé par M. Bodin, ancien élève de Grignon, couronné par la Société royale et centrale pour un excellent Traité d'Agriculture élémentaire ; j'ajouterai que j'ai vu à l'œuvre, pendant plusieurs mois, cet habile agronome, et que ses entretiens n'ont pas peu contribué à effacer dans mon esprit ces préventions, quelquefois trop bien fondées, que m'avaient inspirées l'obscurité de la science agricole et la désolante incertitude de ses décisions; je ne lui dois pas moins cette prudente retenue dans les essais, cette crainte salutaire de tout compromettre en se livrant avec trop d'abandon aux hardiesses de son imagination.

La nécessité bien sentie de modifier en France notre système général d'agriculture, vieilli et peu en harmonie avec les besoins nouveaux et les succès de nos voisins du Nord, inspira au gouvernement l'utile et heureuse pensée de déposer dans la loi sur l'instruction primaire le germe de cette régénération; il fut statué qu'auprès de chaque école normale il y aurait une ferme-modèle, si cela était possible, ou au moins un cours d'enseignement agricole. Pour répondre à une pensée qui devait imprimer à notre agriculture la plus salutaire impulsion, M. le recteur de l'académie de Rennes et le conseil général du département d'Ile-et-Vilaine, conçurent le projet d'annexer une école d'agriculture à l'école normale de Rennes; dans ce but, une ferme de neuf hectares fut louée au compte du département, qui fournit, en outre, la moitié du capital d'exploitation; le gouvernement fit le reste. On se borna, pendant les deux premières années, à donner des leçons de théorie et de pratique aux élèves de l'école normale; les essais ayant répondu à l'attente de l'administration, on résolut d'étendre le bienfait de l'institution en donnant à de jeunes cultivateurs l'instruction primaire unie à l'étude et à la pratique de l'agriculture. Cette nouvelle tentative fut si heureuse que M. le ministre du commerce accorda une somme de 1,800 fr. pour la pension et l'entretien de six boursiers. Telle fut l'habileté du directeur de l'école,

M. Bodin, tels furent les succès de l'assolement qu'il adopta, qu'il pût nourrir, pendant cinq ans, sur une ferme de neuf hectares, douze têtes de gros bétail, et faire connaître au pays des pratiques d'une exécution facile, peu dispendieuses et jusque-là complètement ignorées. On trouva néanmoins qu'en opérant sur un terrain de si petite étendue, il était difficile de donner à l'enseignement agricole tout le développement désirable; une ferme de trente hectares, avec des bâtimens convenables, bien située et assez voisine de la ville, fut louée pour 15 ans au prix de 3,500 fr.; 2,000 fr. furent fournis par le département, 1,500 par le directeur qui se chargea, de plus, du capital d'exploitation, de l'entretien de l'école et des frais nécessités par l'extension donnée à l'établissement.

Cette école est en pleine activité depuis le 1er octobre 1837; elle justifie de tous points les espérances que le premier essai avait fait concevoir; elle compte une vingtaine d'élèves : six entretenus par le département d'Ile-et-Vilaine; cinq, par celui des Côtes-du-Nord; six, aux frais de l'état, et quelques pensionnaires particuliers.

L'enseignement agricole dure deux ans; les élèves prennent part à tous les travaux; on leur explique avec soin la construction et l'emploi des instrumens aratoires; on perfectionne l'instruction primaire qu'ils avaient déjà reçue, et on leur donne de plus des notions élémentaires d'arpentage, de géographie, de botanique, de géologie, d'hygiène vétérinaire et de comptabilité agricole.

Telle est l'organisation d'un institut agricole qu'on peut, à bon droit, proposer comme un modèle, mais dont il faudrait nécessairement modifier les bases selon les localités et surtout selon les circonstances dont on serait env ronné ; ainsi il ne faudrait point espérer de trouver un directeur qui, dès l'abord, voulût se charger de fournir le capital d'exploitation et d'acquitter une partie quelconque du prix de ferme; sans doute il serait nécessaire de pourvoir à ces premières dépenses, soit à l'aide des secours que l'on obtiendrait du gouvernement et du conseil général, soit au moyen d'une souscription ouverte parmi les membres des sociétés agricoles du département. L'intérêt que les Sociétés d'Agriculture doivent porter à ce projet leur rendra faciles les premiers sacrifices qui leur sont naturellement imposés; c'est à elles d'imprimer le mouvement, à elles d'aplanir et d'écarter les premières difficultés. Elles fourniraient donc, par voie de souscription, un capital de 6,000 fr. (1), dont 4,000 fr. seraient destinés à l'achat du cheptel, et 2,000 fr. au matériel de l'établissement; le prix de ferme et l'entretien de 15 à 20 personnes, selon l'étendue et l'importance du département, seraient demandés partie au conseil général, partie au gouvernement. C'est ici qu'il convient d'aborder une question assez sérieuse, qui m'a paru controversée dans les publications agricoles, et qui est, selon moi, d'une importance majeure pour les destinées de l'établissement dont je provoque la création; cette question appelle toute notre attention et l'on ne saurait la résoudre avec trop de prudence. Il s'agit de savoir si, pour inaugurer une œuvre durable on devrait se contenter, ainsi qu'on l'a fait à Rennes, d'une ferme de 30 hectares, ou si l'on irait de plein vol s'établir dans un domaine d'une grande étendue? La solution de cette

(1) J'ai pris le parti de me servir de quelques chiffres pour rendre plus sensible la facilité de fonder dans chaque département une institution semblable.

question dépend beaucoup des circonstances particulières qu'on ne peut pas toujours maîtriser ; cependant plusieurs motifs me semblent militer en faveur d'une ferme d'une importance médiocre. En effet, un institut agricole destiné à l'instruction de jeunes gens qui ne quittent la charrue que pour la reprendre immédiatement, ne doit pas devenir une arène où viendront lutter ces théories élevées, aventureuses, et dont l'application réclame l'emploi de grands capitaux ; si vous inspirez à ses élèves des idées trop vastes, le goût des entreprises gigantesques et douteuses, vous manquez complètement votre but, vous les poussez à une ruine inévitable ; il faut seulement qu'ils portent au sein des campagnes dont ils sont sortis et dont ils doivent améliorer la culture, quelques-uns de ces principes incontestables, simples, clairs, d'une facile exécution, quelques-unes de ces pratiques d'une utilité généralement reconnue, et qui ne supposent ni une intelligence supérieure, ni de grandes ressources ; il faut que la première leçon qu'ils recevront dans votre institut, soit une leçon de prudence ou bien vous compromettrez tout à la fois leur avenir et le succès de votre œuvre. Dans une ferme de 100 hectares ou plus, on contracte l'obligation d'accomplir de grandes choses ; on doit y faire éclater toutes les ressources de la science agricole ; en un mot, on doit faire des miracles sous peine de détruire à tout jamais le prestige qui doit s'attacher à l'établissement modèle. D'ailleurs, il ne saurait être question d'une spéculation mercantile, d'un intérêt privé ; le gouvernement, les sociétés d'agriculture ne se proposeront pas sans doute de faire la fortune d'un directeur en lui créant à grands frais une belle position ; le but que l'on ne doit jamais perdre de vue est beaucoup moins élevé, il ne s'agit que de quelques améliorations de détails, que de la diffusion d'un petit nombre de faits et de principes bien nettement exposés, et pour la perception desquels une ferme de 30 hectares est peut-être déjà trop étendue.

Cela posé, j'aurai l'honneur de proposer une résolution dont le dispositif pourrait être à peu près ainsi formulé (1).

Un institut agricole sera établi auprès de chaque école normale primaire dans une ferme de 30 hectares au plus, les bâtimens devront être appropriés au logement de 25 personnes au moins. L'on pourra y recevoir à la fois des boursiers et des pensionnaires libres.

Le directeur sera choisi par une commission mixte, composée de 4 membres du conseil général et de 4 membres de la société d'agriculture ; cette commission remplira en outre les fonctions de conseil d'administration et de surveillance de l'institut ; elle arrêtera, après avoir pris l'avis du directeur, le réglement de l'école et le programme des matières de l'enseignement.

FRAIS DE PREMIER ÉTABLISSEMENT.

Cheptel	4,000 fr.
Matériel	2,000
	6,000

La nature du cheptel et celle du matériel seront déterminées par la commission administrative.

On pourvoira à cette dépense par la création de 60 actions de 100 fr. l'une, dont les intérêts seront servis sur

(1) Il est inutile de prévenir que dans le cas où, par une mesure générale, l'état se chargerait des frais d'établissement, ces dispositions seraient radicalement modifiées.

le bénéfice du cheptel ; la société d'agriculture, les comices agricoles et toutes les personnes qui s'intéressent aux destinées de l'établissement, seront admis à souscrire ; la même personne pourra prendre plusieurs actions. Les souscripteurs auront le titre de fondateurs et ils pourront avoir un délégué dans le conseil d'administration.

FRAIS ANNUELS.

Prix de location de la ferme..	1,400 fr.
Entretien de 12 boursiers au moins, à 300 fr. l'un.	3,600
	5,000

Pour faire face à cette dépense, il faudrait demander une allocation annuelle de 2000 fr. au conseil général, et de 3000 fr. à M. le ministre de l'agriculture.

Le directeur n'aura pas de traitement fixe, il jouira de tous les produits de la ferme, des bénéfices que lui procureront la pension et le travail des élèves, et des profits que lui rapportera le cheptel; il sera tenu de servir les intérêts du capital d'exploitation, d'acquitter les impôts et les primes d'assurances. Il aura la faculté de souscrire pour un nombre indéterminé d'actions, et s'il le désire, il pourra plus tard se charger de tout le cheptel en remboursant aux souscripteurs le montant des actions.

Un point très délicat, Messieurs, serait le choix d'un directeur; ce serait là la mission la plus importante de la double commission dont j'ai parlé; mais où est la pépinière qui fournira immédiatement 50 à 60 directeurs? Cette difficulté, Messieurs, n'est pas insoluble dans l'état actuel de l'enseignement agricole ; elle me paraît devoir diminuer de jour en jour ; déjà les instituts de Roville, de Grignon, de Grand-Jouan, de Rennes, etc., sont en état de produire assez d'agronomes pour défrayer les besoins que créerait la mise en œuvre de l'institution ; et d'ailleurs la voie du concours qui serait, à mon avis, la moins arbitraire et la plus sûre, ne ferait-elle pas surgir de la foule des capacités ignorées, perdues, souvent à tout jamais, pour le bien public ?

Pour compléter ma proposition, permettez-moi, Messieurs, de vous en exposer quelques corollaires : son adoption par le gouvernement, parce que c'est une question éminemment gouvernementale, aurait pour résultat positif, immédiat, d'initier les instituteurs primaires sortis des écoles normales aux procédés de la science agricole ; mais comme il y a une autre classe d'instituteurs, je voudrais que le programme des matières que les commissions d'examen doivent faire exécuter, prescrivit à tous les candidats l'étude de ces élémens; je voudrais que chaque instituteur, ainsi pourvu de ces connaissances, désormais indispensables à son état, trouvât dans sa maison d'école, un jardin assez étendu pour qu'il lui fut possible de faire, en présence de ses élèves, des essais d'horticulture, et si cela se pouvait, quelques tentatives de grande culture; je voudrais notamment que la greffe et la taille des arbres fruitiers y fussent régulièrement et soigneusement démontrées; je voudrais que tous les élèves de l'école eussent entre les mains un manuel très élémentaire où, indépendamment des premières notions agricoles, on aurait mis sous les yeux de l'enfance, tous les traits qui honorent la vie de l'homme des champs, tout ce qui peut rappeler les services et la dignité de sa noble profession; je voudrais que l'on put fixer dans le cœur de nos jeunes agriculteurs, l'amour du toît champêtre et des plaisirs simples et vrais de la vie rustique, et que par là on put poser enfin des bornes morales à ce fatal entraînement qui dépeuple nos campagnes pour alimenter la sentine des villes, au grand détriment des intérêts de l'agriculture, de la morale et de la félicité publique.

Messieurs, je ne crains pas de m'abuser en disant que cette proposition grave par son objet, élevée par son importance sociale, et de plus, éminemment favorable aux intérêts agricoles, mérite d'obtenir l'assentiment et les suffrages d'une assemblée d'hommes qu'a réunis ici le seul désir d'être utiles à l'humanité.

MÉMOIRE

En faveur des Vignerons,

PAR M. LARY.

Ce n'est pas sans motif que la question vinicole agite profondément ceux de nos départemens dont les produits de la vigne constituaient autrefois l'aisance et la richesse; atteinte au cœur par une exhubérence d'impôts qui menace le pays d'un affaiblissement inévitable, cette industrie, si éminemment française, que l'étranger nous envie, qui occupe et nourrit au moins le quart de notre population agricole voit tarir peu à peu les sources de son antique prospérité. Une erreur fatale semble avoir présidé à toutes les mesures administratives qui ont eu pour but l'aggravation des charges qui pèsent sur la population vinicole; on s'est obstiné à ne voir que des industriels dans les propriétaires de vignobles, et l'on n'a pas vu l'énorme masse de cultivateurs dont l'unique ressource est la culture de la vigne; pense-t-on avoir aplani toutes les difficultés en répondant aux justes doléances des vignerons: Vous avez trop planté, arrachez! sans faire entrer en ligne de compte ni la grave perturbation qu'apporterait aux intérêts des propriétaires cette subite et profonde modification dans le système de culture, ni l'insurmontable difficulté de transformer en terres arables un sol qui n'admet souvent que la culture de la vigne, nous demanderons ce que l'on fera de cette population de cinq ou six millions de Français, dont nous défions qu'on puisse à volonté déplacer l'industrie ; car, il est évident que si des fermes prenaient la place des vignobles, la même étendue de terre qui nourrit aujourd'hui six familles en nourrirait à peine deux. Aux yeux de toute économiste désintéressé, il y aurait, dans cette grave lésion des droits de tant d'infortunés, une injustice flagrante, et par conséquent un danger réel, puisqu'on ne saurait être jamais impunément injuste à l'égard des masses. Conseillera-t-on de substituer, ainsi que commencent à le pratiquer nos voisins de la Charente-Inférieure, la culture du mûrier à celle de la vigne? Nous ne voulons pas examiner aujourd'hui les conséquences de cet acte désespéré d'une population aux abois ; nous n'avons pas la mission de blâmer l'ardent enthousiasme que la sériculture provoque de toutes parts ; en préconisant naguère les plantations de mûriers, nous n'avons pas prétendu élever une industrie nouvelle sur les ruines d'une industrie qui fait depuis deux mille ans l'honneur et la gloire du pays; mais nous aurons la patriotique fermeté de signaler les conséquences d'un aussi funeste vandalisme. Lorsqu'après d'énormes dépenses et une longue privation de jouissance, les propriétaires de vignes se verront possesseurs d'une immense quantité de mûriers, en seront-ils plus riches? La France produit actuellement pour 250 millions de soies; son commerce réclamerait une production de 300 millions; mais si vous doublez, triplez cette production, vos produits ne seront-ils pas avilis sur votre propre marché? alors vous ferez entendre des cris de détresse ; alors, on vous répondra sans doute comme on répond aujourd'hui au vigneron, vous avez trop planté, arrachez maintenant. On en conviendra, cet avenir n'est pas rassurant ; et provoquer par des dénis de justice, par le refus de protection, l'abandon d'une culture dont rien ne pourrait dédommager la France ne serait pas digne d'un gouvernement habile et paternel. Mais, objecte-t-on, les plaintes des vinicoles sont exagérées, cette intéressante industrie n'a jamais cessé d'être l'objet des sollicitudes de l'administration ; elle obtient toute la protection que réclame sa vaste importance. Il est vrai qu'on a pour elle des préférences multipliées ; sans compter l'impôt foncier ou territorial auquel elle est soumise comme toutes les autres cultures, elle est frappée, 1° d'un droit de circulation, 2° d'un droit d'entrée, 3° d'un droit d'octroi, 4° d'un droit de débit; peut-on trouver étonnant que sous la protection de ce luxe de redevances, la vigne soit parvenue à cet état de marasme et d'agonie que révèlent et la résolution d'arracher les vignobles, et l'impuissance des propriétaires de supporter les charges qui pèsent sur eux, et les mesures désastreuses récemment prises par le fisc contre ceux qui offraient en paiement de l'impôt, les produits de leurs récoltes qu'ils ne pouvaient écouler.

Est-ce par entêtement, par opposition, qu'ils ont souffert que leurs vins fussent saisis, vendus à vil prix sur la place publique, et qu'ils ont ainsi vu consommer leur ruine? On voudra bien nous accorder qu'un entêtement qui fait de semblables martyrs, est tout au moins extraordinaire, dans un siècle de calcul et d'égoïsme.

Mais d'autres causes de dégradation attaquent non moins profondément le commerce des vins; une industrie audacieuse parce qu'elle n'est pas suffisamment réprimée, répand au sein de la classe ouvrière une boisson nauséabonde qui n'a de vin que le nom, et qui ne peut produire sur la santé publique qu'une influence délétère et aggrave sans compensation la position déjà si précaire de la population nécessiteuse.

Nous ne frapperons pas du même anathème la fabrication de la bière; nous honorons cette industrie, mais l'intérêt qu'elle nous inspire ne nous ferme pas les yeux sur les priviléges dont jouissent ses produits, et qui sont devenus sans doute la source de l'extension prodigieuse qu'elle a prise et qui alarme, à si juste titre, l'industrie vinicole.

Enfin, les étrangers, et notamment les États-Unis, ont augmenté leur tarif de douanes et porté le dernier coup à un commerce que des charges accablantes rendaient déjà si languissantes à l'intérieur; les mesures de l'étranger compromettent plus que notre industrie; l'honneur de la France s'indignerait à bon droit de ces entraves si l'on n'y répondait par des moyens semblables et de justes représailles.

Ces graves et puissantes considérations ont vivement ému toute la population de notre département qui puise ses principales ressources dans l'industrie vinicole : une assemblée de vignerons s'est réunie à Mauzé; les résolutions qu'on y arrêtées ont été l'objet d'un rapport plein de convenance et de modération; la Société d'Agriculture des Deux-Sèvres, priée de prendre ces résolutions sous son patronage, a décidé, après avoir étudié ces hautes questions avec une lente maturité, qu'une pétition vous serait adressée, messieurs les Députés, par l'organe de son président, pour vous supplier de prendre en grande considération les souffrances de la population vinicole, et de transmettre au gouvernement, avec l'appui de votre sympathique concours, nos vœux ainsi formulés (1).

(1) Voir le procès-verbal de la Section de Culture.

Machine

pour dépiquer le blé.

RAPPORT

Sur un Rouleau à batteurs,

PAR M. LARY.

—

Le rouleau à hélices ou à batteurs, sur lequel la section de culture du Congrès m'a demandé un rapport, est plus compliqué que les rouleaux ordinaires ; cependant son mécanisme est d'autant plus facile à concevoir qu'il est plus ingénieux ; la partie principale de l'instrument est un cylindre peu différent, quant à sa forme et à ses dimensions, du rouleau ordinaire employé au battage des grains, seulement sa longueur est un peu plus grande que le diamètre de sa base. Son axe est terminé par deux tourillons qui portent et font mouvoir deux roues dentées, d'un plus petit rayon que le rayon du cylindre; ces deux roues sont inutiles, une seule suffit; elle s'engraine avec une roue supérieure, situé sur le plan vertical de la première, et qui communique le mouvement à un deuxième cylindre placé horizontalement au-dessus du premier; il résulte de cette disposition fort simple que le mouvement du cylindre principal ou du rouleau est facilement transmis au cylindre supérieur; ce dernier est armé d'un certain nombre de cames ou dents disposées en hélice sur sa surface, et

9

DES ROULEAUX CYLINDRIQUES

Propres à dépiquer les grains,

PAR M. DE LA ROULIÈRE FILS.

Messieurs,

Le but qu'on doit se proposer dans la confection des instrumens aratoires est : 1° de substituer autant que possible le travail des animaux au travail de l'homme; 2° et d'obtenir une économie de temps et d'argent. Je crois en outre, que vous devrez encourager de préférence les instrumens d'agriculture qui seront d'une exécution facile, et dont l'utilité sera promptement reconnue par la classe des cultivateurs pratiques, par les habitans des campagnes, et dont l'utilité, en un mot, frappe les yeux des hommes les moins intelligens, les moins clairvoyans.

Or, le travail le plus pénible pour l'agriculteur est, sans contredit, le dépicage des blés. Combien de fois n'avez-vous pas été émus, en voyant, sous les ardeurs d'un soleil brûlant, des malheureux courbés par le poids de lourds fléaux, frapper de toutes les forces de leurs bras sur les épis pour en détacher, après une longue journée de sueur et de fatigue, quelques boisseaux de blés! Il est cruel, il est barbare de condamner les hommes à des travaux plus pénibles que ceux qu'on exige des esclaves, ou des grands criminels.

Depuis longtemps on a compris la nécessité d'employer la force des animaux pour le dépicage des grains, et l'on a inventé un grand nombre de machines, suivant différens systèmes. Toutes ces machines sont plus ou moins perfectionnées, elles présentent plus ou moins d'économie dans le travail; mais toutes, sans exception, ont un défaut capital dans les instrumens aratoires, c'est-à-dire qu'elles ne sont pas assez *rustiques*. Toutes les machines à battre coûtent fort cher ; car les moyens financiers du petit cultivateur ne pourraient atteindre le prix de 1,000 à 1,200 fr. ; et la confection ne peut en être confiée aux maréchaux et aux charrons de village ; elles ne peuvent être fabriquées que par les mécaniciens expérimentés des villes, et sont sujettes à des réparations fort dispendieuses.

Je viens vous soumettre une machine très simple, très économique, qui a le mérite d'être essentiellement *rustique*, et dont le travail égale celui des machines les plus perfectionnées. Je veux vous parler du rouleau cylindrique, en usage dans les environs de Chollet, et dont je vous présente un modèle.

DIMENSION ET DESCRIPTION.

Ce rouleau est en granite de Mortagne, il a généralement 1 mètre de diamètre, et 90 centimètres de longueur. Il pèse 2023 kilog., il est mis en mouvement par deux bœufs ou deux chevaux qui marchent sur la paille.

Pour vous donner une idée de l'avantage de ce rouleau, je vous ferai observer, Messieurs, qu'un homme très fort ne bat avec le fléau, dans un beau jour, que 10 doubles décalitres. Or tous les renseignemens que j'ai recueillis à Chollet, m'ont prouvé que deux hommes et trois femmes ou enfans pouvaient, avec le rouleau, dépiquer 200 doubles décalitres dans un jour, ou 2 tonneaux et demi.

Je vous rappellerai encore, qu'avec la machine à battre de la Société d'Agriculture de Niort, M. Charles de Breloux, notre collègue, n'a jamais fait dépiquer, dans un jour, plus de 150 à 160 doubles décalitres.

Quant aux avantages et à l'économie qu'on peut en retirer, il est inutile, Messieurs, de vous les énumérer. Tous les agriculteurs savent combien le temps est précieux surtout dans la saison où s'opère, dans nos contrées, le dépicage des grains. Dans les années où l'été est pluvieux, les ouvrages de la campagne sont retardés par les batteries, et il en résulte une perte considérable pour les fermiers. Souvent l'échéance des gages de nos domestiques arrive, et nous n'avons pas encore battu la moitié de nos céréales. Si nos blés passent l'hiver entassés en meule, les rats et les insectes nous en font perdre une quantité considérable, et nous ne pouvons pas profiter de la hausse qui, le plus souvent, a lieu dans cette saison.

Quelques personnes ont dit: Nous reconnaissons les avantages de faire promptement le dépicage des grains, mais nous avons beaucoup de peine à croire que le poids du rouleau suffise seul pour faire sortir le grain de son enveloppe. D'ailleurs, le plus grand inconvénient est que les animaux en marchant sur l'aire doivent salir et le grain et la paille. Alors la paille n'est plus bonne qu'à faire de la litière, et les animaux doivent éprouver de la répugnance à la manger.

Je répondrai d'abord que je n'ai pas vu fonctionner ces

rouleaux, mais j'ai vu du grain très propre, dépiqué par cette machine, et de la paille où il ne restait pas un seul grain. Tous les métayers s'accordent à dire que les bestiaux mangent mieux la paille que lorsqu'elle était battue par des fléaux.

D'ailleurs, je ne puis rien dire de plus favorable pour le rouleau que cette unanimité de suffrages et d'adoption qu'il a obtenus dans toute la contrée de Chollet. La Société d'agriculture de Niort possède un musée agricole, dans lequel sont exposés au public, plus de cent instrumens aratoires modèles; eh bien, je le demande, est-il un seul de ces instrumens qui ait été adopté par 20 cultivateurs? Or depuis trois ou quatre ans, les métayers de Chollet ont tellement reconnu les avantages du rouleau, que tous, sans exception, l'ont adopté. Ce fait seul parle plus haut que tous les argumens et répond à toutes les objections.

M. de Saint-Priest et après lui M. Fleuriau de Bellevue, persuadés que les ordures des animaux marchant sur l'aire présentaient un inconvénient fort grave, ont inventé l'aire circulaire autour de laquelle marchent les chevaux ou les bœufs, et alors le rouleau est mis en mouvement par une poutre, à laquelle il est fixé par une chaine et un anneau. Cette poutre pivote sur un poteau fixe, placé au centre de l'aire.

Je vous avoue, Messieurs, que je fus séduit par le mérite de cette ingénieuse invention, et je n'en ai vu les inconvéniens qu'après en avoir fait exécuter le petit modèle que j'ai l'honneur de soumettre à votre appréciation.

Indépendamment de la difficulté que l'on aurait de se procurer une poutre de 12 mètres 50 centimètres de longueur, et du prix considérable que coûtera cette poutre, toutes les règles de la mécanique et de la géométrie, démontrent que l'aire circulaire ne présente pas les avantages du simple rouleau de Chollet, et qu'avec l'aire circulaire on dépiquera moins de grains, dans un temps donné.

En effet, je suppose que l'aire ait 100 mètres de circonférence. Pendant que les animaux parcourront 100 mètres, le rouleau ne parcourra qu'une circonférence proportionnelle avec le point de la poutre ou du rayon auquel il sera fixé ; et lorsque les animaux auront fait 10 tours ou mille mètres, le rouleau n'aura parcouru que quatre ou cinq cents mètres. Le rouleau de Chollet, au contraire, parcourra 1,000 mètres lorsque les animaux parcourront 1,000 mètres, et fera, par conséquent, deux fois plus d'ouvrage que l'aire circulaire.

Remarquez encore, Messieurs, que l'aire circulaire ne peut pas être de grande dimension, et que son étendue sera subordonnée à la longueur de la poutre. Ceux qui en font usage savent aussi que cette machine ne produit aucun effet au centre de l'aire.

Et au contraire, avec le rouleau de Chollet, votre aire n'aura de limites que celle du terrain, et plus l'aire sera grande, plus vous dépiquerez de grains; vous pourrez étendre vos gerbes sur toute la surface de l'aire, parce que le rouleau de Chollet produira le même effet au centre et aux extrémités.

Au reste, le chiffre donné par M. Fleuriau de Bellevue, vient confirmer mes raisonnemens, et est loin d'être en rapport avec celui que m'ont fourni, à Chollet, un grand nombre de cultivateurs. Il est facile d'en faire la comparaison. M. Fleuriau de Bellevue n'a obtenu, avec son aire circulaire, que 18 hectolitres dans un jour, ou 90 doubles décalitres. Or, nous avons dit plus haut, qu'avec le rouleau de Chollet, on pouvait dépiquer 200 doubles décalitres dans un seul jour.

Je vous prie donc, Messieurs, de reconnaitre avec moi que le rouleau de Chollet est un instrument extrêmement utile, peu dispendieux, tout à fait *rustique*, et qu'il mérite d'être encouragé par les Sociétés d'Agriculture et par les Comices.

NOTA. Un compatriote de M. Fleuriau de Bellevue, qui a vu fonctionner l'aire circulaire, m'a dit qu'on y avait reconnu beaucoup d'inconvéniens, et que M. Fleuriau de Bellevue lui-même est revenu au système du rouleau de Chollet.

PRIX DES ROULEAUX.

La pierre blanche de Niort est très convenable pour faire des rouleaux; mais comme elle est plus légère que le granite, il sera nécessaire d'augmenter le diamètre du rouleau et de le porter à 1 mètre 17 centimètres sur 95 centimètres de longueur.

Un rouleau en pierre blanche de 1 mètre 17 centimètres de diamètre, pèsera 2,020 kilog. et coûtera, à Niort, de 20 à 24 fr.

Pour le travail du charron et du maréchal.	70 fr.
Pour la pierre.	25
TOTAL. . . .	95

Les cultivateurs qui voudront en faire l'expérience auront, dès la première année, recouvré leurs premiers frais et auront déjà fait une économie de plusieurs domestiques.

DES RACES CHEVALINES

EN FRANCE,

Ce qu'elles sont, ce qu'elles pourraient être.

PAR M. TEILLEUX.

Quand l'on a à s'occuper, en agriculture, d'une espèce animale, il faut avoir égard à trois choses : 1° à la race proprement dite; 2° à l'influence que le climat, c'est-à-dire le milieu dans lequel l'animal vit et s'agite, peut avoir eue sur les générations successives de cette espèce animale; 3° aux modifications que la domestication a fait subir à cette race.

Déjà, en traitant de la race bovine, nous avons donné quelques développemens sur les modifications que l'homme peut apporter aux espèces animales qui lui sont soumises. Le bœuf Durham ne pouvait-il pas amplement nous servir à prouver que la domestication modifie l'animalité, thèse que nous prouverons encore ici en parlant de la race chevaline. Mais le climat aussi n'est-il pas un puissant modificateur? La constitution géologique du sol, la température plus ou moins élevée, l'état plus ou moins humide de l'atmosphère, ne viennent-ils pas influencer, comme d'un commun accord, l'animalité, et approprier, j'ose dire, la race à la contrée qu'elle habite!

Je n'examinerai qu'en passant l'utilité incontestée de la race chevaline. Jamais personne, jamais agronome, que je sache, n'a cherché à nier la nécessité de l'élevage du cheval et des services que la race chevaline peut rendre, comme travail, comme engrais, comme bénéfice pécuniaire.

Du reste, dans toutes les contrées où le cheval a été importé, bien entendu que nous admettons que la race chevaline y rencontre des conditions d'existence facile, la race animale destinée, avant sa venue, aux transports et surtout aux transports rapides, a dû lui céder la place. Le cheval n'a-t-il pas remplacé le lama et la vigogne, dans les Cordilières. Et en France même, aux lourds chariots attelés de bœufs, où se prélassaient nos rois fainéans, ne vit-on pas presque aussitôt succéder des chars rapides traînés par de brillans coursiers.

Nulle part la race chevaline ne tend à perdre : avec les peuples de race semitique et japhétique, elle a envahi l'Ancien-Monde ; avec les Espagnols, le Nouveau ; et l'Angleterre et la France ne se sont-elles pas chargées d'en propager l'espèce dans toutes les îles de l'Océanie?

Mais de cette immense migration chevaline à travers le monde qu'est-il résulté par rapport à la race? L'espèce s'est-elle conservée, après sa dispersion, pure et typique comme celle de l'*Hedjah?* ou bien lui est-il arrivé ce qui est arrivé à la race humaine, ce qui est arrivé au chien, au bœuf, aux gallinacées, etc., que l'homme s'est associés, que l'Arabe du désert, que le Tartare des steppes, ou l'Indien de l'Orégon, modifient en les faisant, de nos jours encore, émigrer avec eux lorsqu'ils lèvent leur tente pour aller chercher au loin de plus gras pâturages? De nombreuses différences sont-elles venues altérer les formes et les habitudes du cheval, suivant que le sol sur lequel ils paissait, l'eau dont ils s'abreuvait, le degré de température, d'humidité ou d'électricité de l'air qu'il respirait, étaient différens du sol natal, de l'eau que ses pères avaient bue, de l'air dont ils gonflaient leurs poumons? Eh bien! à cette question l'on est forcé de répondre par l'affirmative? Chaque contrée, chaque fraction de territoire, ont déterminé presque une sous-race chevaline. Le pays a développé dans l'animal des aptitudes, des modifications extérieures analogues généralement à celles que l'homme et les autres races animales y ont rencontrées à leur insu. Le cheval arabe est resté maigre, rapide, etc. Confiné dans les déserts d'Asie ou d'Afrique, nourri d'herbe, d'orge, de lait, de dattes, de viande même, nourritures presque toutes actives et substantielles, il a conservé ses formes délicates, ses inclinations natives; sa peau est fine comme du satin, sa taille est moyennement haute, sa robe est généralement blanche et quelquefois noire, sa poitrine est large, quoique, de prime abord, elle semble rétrécie en raison de la conformation de son épaule un peu portée en devant; ses tendons, ses veines, se sentent fortement sous la peau; son sabot est de moyenne grandeur; lorsqu'il s'appuie sur le sol, on voit que sa jambe a de la vigueur, de la souplesse, de l'élasticité: on dirait que son genou rebondit, tant son jarret est pliant; ses nazeaux sont larges, il respire avec facilité. Sa tête fine, un peu osseuse, est creusée de larges orbites où joue un œil plein de feu; sa croupe peut-être est-elle un peu anguleuse;

mais sa queue ornée de longs crins, qu'il laisse flotter au vent avec tant de grâce, fait promptement oublier cette légère difformité, si toutefois c'en est une. Ajoutons à toutes ces perfections une grande sobriété et une douceur excessive, et vous aurez le cheval arabe, le cheval noble d'Arabie, dont la race connue depuis une époque déjà très reculée, n'a jamais reçu de sang étranger dans ses veines.

Les sous-races barbe et persane sont celles qui se rapprochent le plus du type originaire; la terre d'*Yémen* et le *Fardistan* ont tant d'analogie! L'infertilité lybienne ne rappelle-t-elle pas les déserts arabiques? Toutefois le cheval persan a moins de feu que le cheval arabe; et s'il est aussi rapide, aussi irréprochable de formes que lui, il ne l'égale pas en résistance; il manque un peu de fond. La sous-race barbe a souvent le pâturon trop long, et donne généralement des individus d'une taille inférieure à ceux de race arabe, dont elle n'a, du reste, généralement ni le feu, ni le courage, ni la vitesse.

L'Espagne, c'est encore une contrée d'Afrique, mais une contrée réunie à l'Europe : aussi ses chevaux ont-ils grandement conservé du sang arabe dans leurs veines. Si leur tête était moins grosse, leur encolure moins longue, leur taille plus élevée, certes ils ne le céderaient à aucune race européenne non améliorée. Plus qu'aucune d'elles, ils ont l'œil ardent, le tendon bien détaché; plus qu'aucune d'elles, ils ont de l'activité, de la grâce, de la fierté, de l'obéissance, mais ils ont de la faiblesse et peu de résistance à la fatigue.

Après le cheval andaloux, cheval modifié par la terre d'Espagne, vaste désert cultivé seulement aux bords de ses torrens et de ses cours d'eau, le cheval tartare issu, sans aucun doute, du cheval persan, comme la race de Cordoue a été formée par la race barbe, est celui qui a le plus conservé la vigueur de la race primitive. Sans être beau de forme, il a une vigueur incroyable, une grande fierté et une rapidité excessive.

Maintenant transportez par la pensée une de ces sous-races premières hors des contrées où elles se sont formées; prenez la race espagnole et laissez-la libre dans les forêts de Saint-Domingue, dans les *llanos* du sud de l'Amérique, dans les savanes des bords du Missouri, que deviendra-t-elle? se perfectionnera-t-elle? Non, elle perdra de la taille, sa tête deviendra plus grosse. Sans devenir moins robuste, moins sobre, ses formes s'altéreront de plus en plus, jusqu'à ce que la ramenant peu à peu à la domesticité et lui donnant des soins convenables, l'homme la rapproche, autant que possible, du type originaire.

Maintenant, supposons les migrations celtiques et germaines emmenant avec elles des troupeaux de cavales nourries dans la Médie, la Bactriane, ou sur les bords du Tanaïs; supposons-les doublant le Pont-Euxin, et remontant avec ces troupeaux les bords du Danube, pour de là s'épancher dans toutes les directions, à travers le continent européen, comment le climat modifiera-t-il ces deux races chevalines placées désormais dans des conditions différentes d'existences que celles où elles se trouvaient au pied de l'Imaüs, au centre de l'Asie? En franchissant les Alpes noriques et rhétiennes, la race tartare perdra de sa docilité, sa tête deviendra grosse, son encolure s'épaissira; cependant sa taille restera belle et son regard conservera de la fierté. Chez les *Boïi*, dans la

Bohême actuelle, il se produira une sous-race lourde, pesante, propre à l'attelage. En Hongrie, en Transylvanie, au contraire, où la race chevaline comme la race humaine a été refaite, au commencement du moyen-âge, par une migration mélangée de Finois et de Mongols, et par des chevaux tartares pur sang, le cheval sera léger, bon coureur. Dans le Danemarck, il acquerra de la taille, il sera étoffé, il conservera de la grandeur dans ses mouvemens. Dans la Hollande, la race chevaline deviendra lourde, épaisse, au milieu de ses marais. Du reste, par des croisemens en dedans et même par quelques mélanges de sang, les Hollandais n'ont jamais pu obtenir de race légère; ils ont créé une excellente race carrossière. Le climat n'était-il pas là?

En Islande, la race chevaline se modifiera bien plus encore; elle deviendra, il est vrai, infatigable et d'une sobriété à toute épreuve, mais sa taille atteindra quatre pieds à peine; et, à l'approche de la rude saison, sa robe se garnira partout de poils longs et rudes comme du crin. Et ne fallait-il pas qu'il en fût ainsi dans une contrée où l'alimentation de l'homme lui-même vient à manquer quelquefois, où, pour se garantir du froid, il est obligé d'emprunter les fourrures les plus chaudes aux sauvages habitans qui peuplent les montagnes de son île et les eaux de son océan.

Du reste, mis dans des conditions à peu près analogues, le cheval *Baskir*, cheval d'origine tartare resté en Asie, n'a-t-il pas été forcé de transformer sa robe de poil en véritable toison et d'amoindrir sa taille, afin de se rendre apte à la latitude boréale où la main de l'homme l'avait conduit.

Mais revenons en Europe, et examinons ce qu'étaient les sous-races anglaises, sur lesquelles on a enté la race anglaise de maintenant, avant que des croisemens habilement ménagés et des soins continus les eussent transformés en chevaux de course, de chasse, de tilbury, etc. Epaisses, flasques, mal jambées, busquées, sans énergie, à tendon faible, à croupe avalée, elles supportaient à peine la fatigue, et ne pouvaient, en aucune façon, admettre l'examen de l'anatomiste. Telle est l'énumération de quelques-uns des défauts qui affligeaient, avant qu'on l'eut sursaturé de sang arabe, persan, barbe ou turc, le cheval d'Angleterre, sous-variété de race tartare arrivée dans l'île avec les émigrans gaulois, croisée plus tard avec les chevaux débarqués de Norwège et de Danemarck, quand les Danois et les Angles refoulèrent les Gaëls dans la partie sud-ouest de la Grande-Bretagne; enfin, croisée encore avec les chevaux normands embarqués à bord des vaisseaux de Guillaume le Bâtard, lorsque ce chef s'en allait battre Harold à la bataille d'Hastings.

Dès l'époque des croisades, l'Angleterre avait cherché à améliorer ses chevaux. Mais ce n'est guère que deux ou trois cents ans après que la Grande-Bretagne prit sérieusement en main l'accomplissement de cette œuvre à laquelle contribua tant le célèbre étalon de race barbe, *Arabian-Godolphin.* Mais, pour arriver à ce but, que fit-elle? Alla-t-elle demander à la France, au Danemarck, à l'Espagne, des étalons de race un peu meilleure que les siennes? Non... elle fit mieux que cela. Elle voulait surtout des chevaux de prix, des chevaux fins, de rapides coursiers. Elle envoya en Syrie, en Perse, en Arabie; elle offrit de l'or aux Arabes-Bédouins, et ceux-ci lui cédèrent, en

échange, quelques nobles étalons *Koclhani*, quelques *Nedji* pur sang, dont la généalogie écrite se lisait intacte et sans lacune sur le rouleau de parchemin que conservait soigneusement, sous sa tente, le fils du désert. Mais il était difficile de constituer rapidement un progrès dans la race avec un petit nombre d'étalons, et il avait été impossible, à prix d'or, de persuader aux enfans d'Ismaël de se dessaisir de quelques jumens pures de toute alliance étrangère. Les émissaires anglais revinrent donc à l'Occident; mais toujours préoccupés de leur mission, en traversant la Turquie, ils achetèrent quelques étalons de race; puis, arrivés aux côtes de Barbarie, ils tentèrent de nouveau la cupidité toute arabe des habitans du *Magreb*, et Maroc et Fez fournirent de la sorte un digne contingent d'étalons que, joyeux et fiers du bon succès de leur entreprise, ils débarquèrent heureusement sur le sol d'Albion. Riche de nombreux types de races chevalines, supérieures aux siennes, l'Angleterre se livra dès-lors, sans relâche, à une série d'essais et de soins incessans pour faire progresser sa race originaire. Enfin, après avoir longtemps essayé, son but se trouva réalisé : elle avait constitué chez elle la race de course, race à peau de satin, à veines saillantes, à muscles solides et délicats, à membres nerveux, à tête sèche mais un peu longue, à croupe plate, à articulations nettes, à boulets ronds, à sabots bien faits; race sans égale en Europe maintenant, comme vitesse, mais que le cheval arabe laisse pourtant bien loin derrière lui, puisque, pour apprendre à courir, celui-ci n'a point besoin de l'*entraînement*, puisque, sans les soins constans de l'homme, l'arabe sans doute se conserverait à peu près tel qu'il est, tandis que le cheval anglais dégénérait vite, si ces mêmes soins venaient tout à coup à lui manquer. C'est pour cette race, la race du *Jockey-Club,* que, depuis plus d'un demi-siècle, avec une exactitude scrupuleuse, l'on s'est mis, au-delà du détroit, à constater les origines de chaque produit sur un livre-souche intitulé : *Stud-Boock*, livre d'or de l'aristocratie chevaline anglaise, pendant presque du fâmeux *Domesdy-Boock* de Guillaume le Conquérant, le livre des familles normandes, au profit de qui le vainqueur partagea sa conquête.

La France, plus que toute autre contrée, peut-être, est riche en excellentes races; plus que l'Angleterre surtout, elle possède d'excellens élémens de races à améliorer. Comme chevaux de selle, il n'y a que l'Orient et les côtes barbaresques qui produisent des chevaux meilleurs que les chevaux normands, maladroitement croisés, vers le seizième siècle, avec ceux du Holstein, qui lui donnèrent peut-être un peu d'ampleur mais lui busquèrent la tête. L'Orient seul aussi a des chevaux de selle préférables à ceux de la race limousine, qui maintenant s'éteint sous l'effort de croisemens mal-habiles.

Comme chevaux de trait, le sol de notre Bretagne fournit une race qui ne peut guère s'améliorer que par des soins continus en dedans et peut-être par quelques croisemens sagement faits entre elle et la race ardennaise, la meilleure souche de chevaux de trait qui serait au monde, si le cheval breton n'existait pas.

Comme cheval carrossier et de grosse cavalerie, le cheval percheron a tout ce qu'il faut : de la taille, de la longueur, de belles formes et de la docilité.

Comme ampleur et force, est-il rien de plus beau que

la race boulonnaise, qui de la Picardie s'est étendue dans les plaines du Calvados et jusqu'en Angleterre.

Enfin, la jument poitevine, aux flancs vastes, aux pieds larges, aux membres gros et résistans, craint-elle la rivalité quand il s'agit de la production mulassière?

Maintenant arrivons à notre but. Après avoir jeté en avant toutes les prémisses que nous avons posées, tous les développemens dans lesquels notre sujet nous forçait d'entrer, expliquons comment nous comprenons l'amélioration de la race chevaline en France et dans le Poitou en particulier.

La France doit songer à améliorer ses races, personne ne le conteste; mais il faut éviter, de prime abord, les croisemens de sang étranger. Voilà ce que tout le monde ne comprend pas assez. Soit la race bretonne à améliorer; que fait-on généralement? On prend une jument épuisée, malingre, à croupe tout-à-fait avalée, à jambes épaisses; quelque difformité qu'elle ait, on n'en tient compte, on la fait saillir par un étalon normand, par un cheval anglais du haras de Langonnet. Pendant qu'elle est pleine, on la soigne vaille que vaille; au bout d'un an, la jument donne un produit. Le poulain est soigné à peu près comme l'était sa mère. Au bout de deux ans, le poulain est devenu grand, et l'on s'étonne qu'il soit mal monté sur ses pieds, déhanché, qu'il ait une tête longue et énorme, qu'il ait, en un mot, assumé les vices de son père et de sa mère.

J'ai parlé du cheval breton; mais j'aurais pu tout aussi bien prendre pour exemple une tentative d'amélioration chevaline dans le Poitou. Eh bien! quels produits, pendant longtemps, a-t-on obtenu dans notre pays, et quels produits y obtient-on souvent encore? J'en demande pardon à quelques-uns de nos éleveurs, qui vraiment ont compris la mission qu'ils se sont imposée; j'en demande pardon aussi à M. le directeur du haras de Saint-Maixent, qui sait admirablement user de son influence pour changer en bien le mal qui se faisait naguère pour la procréation chevaline dans nos contrées, mais j'ose le dire cependant, généralement on a failli dans tout l'Ouest de la France à la régénération de l'espèce chevaline.

Avant d'infuser du sang étranger dans les veines d'une race indigène, portez, au moyen de soins habilement ménagés de croisemens en dedans, sagement économisés, cette race à son maximum d'amélioration. Si vous voulez améliorer la race bretonne, qui vit en Armorique, sur un sol de granit, fécond en landes et en ajoncs, comme celui de notre Gâtine, où je m'étonne de ne la pas voir plus abondamment répandue, prenez des étalons bretons et des jumens bretonnes, choisissez-les dans la vigueur de l'âge; rejetez les individus que vous rencontrerez trop droits sur leurs boulets, ayant la tête trop plate ou camuse, l'encolure trop droite ou trop chargée de graisse, la croupe avalée, la taille petite. Après une série de générations, après quinze, vingt ans, vous aurez déjà constitué par les unions successives auxquelles vous la soumettrez, une race moins défectueuse que la race première. Notez bien qu'il faudra, pendant tout ce temps, sans exception et sans pitié, élaguer, comme impropre à la reproduction, tout produit entaché des vices propres à la parenté primitive, à la famille dont il est issu : sans cela, l'amélioration possible, le but à atteindre, s'éloignerait toujours d'un avenir auquel on n'arriverait jamais.

Puis, lorsque les défauts inhérens à la race bretonne

seraient effacés ou du moins singulièrement amoindris, il serait possible alors d'essayer des croisemens en dehors; bien entendu que ces alliances devraient être judicieuses et non soumises aux chances du hasard. Voudrait-on augmenter la vitesse du cheval breton, lui donner des formes plus maigres, moins ramassées, plus de fond même, si c'est possible, il faudrait tout d'abord s'adresser au cheval arabe; et, à défaut de *Nedjis*, au cheval barbe ou persan. Du reste, le cheval breton ne résulte-t-il pas du mélange de la vieille race du pays avec les sous-races que je viens de nommer, sous-races importées en Armorique par les légions parthique et more, lorsqu'elles vinrent occuper cette contrée pour le compte des empereurs de Rome. Or, s'il en est ainsi, comme tout le fait présumer, en transfusant de plus en plus du sang arabe, barbe ou persan, dans les veines de la race bretonne, ne parviendrait-on pas facilement à une amélioration cherchée. Peut-être même, en peu de temps, et surtout en aidant ces croisemens d'une nourriture convenable et de soins appropriés donnés à leurs produits, arriverait-on à constituer chez nous une lignée chevaline analogue, pour la vitesse et la grâce, aux chevaux de Perse ou d'Afrique.

Maintenant, arrivons au Poitou : soit la race bretonne à y développer : que devrions-nous faire pour obtenir, grâce à elle, d'excellens chevaux de trait ? la mieux soigner, la mieux nourrir, ne pas se contenter de lui donner un peu de paille et le rebut des bœufs pendant l'hiver; pendant l'été, le pâturage dans les landes seulement ou un peu de fourrage par hasard. La race de Gâtine, toute abâtardie qu'elle est, doit être, à peu d'exceptions près, la même espèce chevaline que celle de Bretagne. A l'œuvre donc, et, avant tout, que le paysan du Bocage, évitant de songer aux croisemens de race étrangère, améliore en dedans la race du pays; plus tard, il aura le temps, usant des moyens que je viens d'indiquer, de lui donner de la vitesse ou bien de l'ampleur, par son croisement avec la race normande issue, sans aucun doute, de l'espèce chevaline danoise modifiée par le climat de la vieille Neustrie, le pays des gras pâturages et des soins constans pour l'élevage des animaux. Plus tard, il pourra essayer même quelques alliances entre sa race améliorée et celle des Ardennes; peut-être même entre les races boulonnaise ou poitevine proprement dites; toutefois alors, il faudra, avec une scrupuleuse attention, éviter de faire procréer par des parens de taille très différentes: l'expérience n'est-elle pas là pour affirmer que les produits sont mauvais quand l'étalon et la jument ne sont pas à peu près appareillés de taille. Il devra encore, et les Arabes, nos maîtres en science chevaline, le savaient avant nous, il devra, dis-je, faire en sorte de ne jamais faire monter une jument de race privilégiée par un étalon de formes disgracieuses; enfin, et je termine ici mes observations, il éloignera de ses jumens, autant qu'il le pourra, les étalons de races métisses, races dues à peu près complètement à l'influence de l'homme, races dont les croisemens, en n'enfantant souvent que des produits monstrueux, nous ont valu tant de mécomptes et de déceptions, parce que souvent ils étaient faits sans examen préalable, et avec une sorte d'engouement plein d'ignorance; parce que ensuite, et il faut bien le dire, les races métisses, quand elles n'ont pas obtenu la sanction du climat qu'elles habitent, se détériorent vite et ne font que difficilement, par des alliances même rationnelles, passer une partie de leurs qualités à leurs produits bientôt complètement abâtardis.

J'ai longuement parlé des races chevalines, et des améliorations qu'elles comportent, et cependant je n'ai fait qu'analyser très brièvement ma pensée ; toutefois, un mot encore sur la race chevaline mulassière, la race poitevine, celle des marais de Saint-Gervais et de Saint-Michel : eh bien ! messieurs, pour celles-là je ne voudrais que des croisemens en-dedans et rien que des croisemens en-dedans ; quelquefois, cependant, quelques unions assorties entre le cheval poitevin et la jument picarde ou la jument normande pourraient-elles avoir d'heureux résultats ; mais alors, et c'est pour les produits de la jument normande que je parle surtout, les mules qui viendraient à naître de ces croisemens seraient probablement plutôt des mules de luxe, fines bêtes d'attelage que les senoras d'Andalousie attèlent à leur *coches*, que de ces lourdes et fortes bêtes de somme que le muletier Valençais vient nous acheter, que le gouvernement demande pour nos possessions d'Afrique, que nos colonies réclament à la mère-patrie.

A présent, je me résume complètement : toute espèce animale domestique est le résultat de trois choses : de la race, du climat, et des soins de l'homme.

Pour faire progresser une race, il faut d'abord l'améliorer en-dedans ; les croisemens avec des variétés de races étrangères ne sont réellement profitables que lorsque l'on a amené à son maximum de développement la race indigène. Il ne faut jamais croiser la race chevaline avec une espèce améliorée qui ne s'est pas complètement acclimatée, et qui réclame, pour ne pas dégénérer, les soins constans de l'homme.

Enfin, il est nécessaire de prendre au midi et non au nord les types améliorateurs, et, s'il est possible même, il serait bon de les demander au pays originaire de la race à améliorer.

DE LA RACE BOVINE

EN FRANCE,

Et dans le Poitou en particulier,

PAR M. TEILLEUX.

—

La question n'est pas, ce me semble, sur son véritable terrain; il ne s'agit pas seulement de savoir si telle race bovine est préférable à telle autre, mais nous devons encore nous enquérir de la préférence qui doit être accordée à telle ou telle espèce de bœufs, eu égard à l'état de notre agriculture et à notre climat. On a longuement parlé de la race Durham, race anormale, race chez laquelle on fait prédominer l'élément chair, le tissu cellulaire aux dépens de la charpente osseuse. On a dit que cette variété de bœufs, due aux constans efforts de Bakewel, devait être activement propagée chez nous; qu'elle était riche en chair; peu coûteuse à nourrir, et que, chez les petits propriétaires surtout, elle était appelée à rendre d'immenses services comme production. On a même ajouté, et c'est l'opinion de notre digne collègue M. Bouscasse que je rapporte ici, on a même ajouté, dis-je, qu'elle pouvait se nourrir à la cordelle dans un champ de trèfle, de turneps ou de luzerne, et passer le reste de son temps d'élevage à l'étable. Je ne discute point ces faits, ils sont vrais ; je reconnais encore que son engraissement peut se faire à un âge moins avancé que celui des autres races bovines, et en moins de temps ; mais ce que je sais aussi, c'est qu'il existe des raisons faciles à comprendre et péremptoires, j'ose dire, à faire valoir contre l'élevage en France de bœufs de race anglaise, et ce sont ces raisons que je veux exposer.

D'abord, si le bœuf Durham est riche en chair, sa chair est de moins bonne qualité que celles de tous les autres bœufs du monde. En Angleterre, la viande qu'il donne n'est que médiocrement estimée et principalement destinée à la classe pauvre ; MM. de la Roulière et Lafosse ne viennent-ils pas de nous affirmer ce fait sur lequel je m'appuie. Du reste, l'infériorité de sa chair se conçoit : peu susceptible d'exercice, n'étant point constitué pour le travail, et par conséquent n'y étant point assujéti comme ses races congénères, le bœuf Durham mène une vie végétative ; la nourriture qu'il prend ne subit pas dans ses organes toutes les modifications qu'elle comporte ; les tissus cellulaires et adipeux encombrent son économie ; les fluides blancs la gorgent de sucs, tandis que l'osmazome et la fibrine lui font défaut. Traité toute sa vie comme un animal que l'on commence à mettre à l'engrais, sans avoir développé chez lui, préalablement par l'activité et le mouvement, les trames vasculaires, et surtout le système locomoteur, il ne peut point, lorsque arrive le temps de la stabulation prolongée, l'époque d'engraissement proprement dite, au milieu de muscles riches, vigoureux et résistans, laisser s'infiltrer de petites quantités d'une graisse jaune et dure à la pression, qui, s'interposant entre chaque faisceau fibreux, lui donnera ce moëlleux, cette facilité à se déchirer sous la dent et à se digérer que nous remarquons chez nos bœufs du Poitou, enlevés, chaque année, par les herbagers normands qui les engraissent dans leur pays.

Je viens de répondre, ce me semble, à quelques-unes des allégations portées en faveur de la propagation des bœufs Durham dans notre contrée, je continue à combattre celles qui restent.

Pouvons-nous, avec notre système agricole qui ne permet pas au cultivateur de nourrir des animaux oisifs, avec la pénurie où nous sommes de fourrages de toutes sortes, surtout de plantes sarclées et de prairies artificielles, proclamer l'utilité d'une race bovine qui, comme le cochon, ne produit qu'après sa mort ; je suis loin de le croire. Et de quels animaux le fermier pourrait-il donc se servir pour faire les transports dont son exploitation a besoin? aurait-il des chevaux et rien que des chevaux, ou bien des mules, pour transporter ses fumiers, ses moissons; le bois qu'il brûle l'hiver; le blé qu'il vend à la ville? Un cheval, il est vrai, vaut deux bœufs comme travail, mais comme fumier, vaut-il deux bœufs? et puis, quand le cheval vieillit, il perd constamment; après 6 ou 7 ans d'âge, chaque douze mois lui enlève 25, 50 francs peut-être de son prix maximum ; cependant, il faut bien que je le dise, pour les travaux qui demandent de la rapidité, et c'est Dombasle que je cite ici, il faut généralement préférer des chevaux ; mais on peut employer des mules, me dira-t-on: des mules, c'est bien pire encore. Pour le fermier éleveur de mules, la mule est une bonne chose, mais pour tout autre que lui, jamais elle ne peut être qu'un animal coûteux, quoiqu'indispensable parfois : ne me parlez pas des races hybrides ! avec elles tout meurt; l'individu arrivé au terme de son existence, tout est fini. D'ailleurs, elles sont trop chères pour les destiner à traîner la charrue ou à verser des prairies que l'on veut renouveler. Pour les travaux de la campagne dans notre pays, le bœuf est donc l'animal de transport par excellence, le seul qui puisse convenir ; puis il est sobre bien plus que le cheval : un peu de fourrage vert ou de foin et de la paille, voilà sa nourriture ; au cheval et à la mule, il faut un ratelier mieux garni. Si nous avions des turneps à plein nos champs, des sainfoins sur toutes nos collines calcaires, des ray-grass, des luzernes, des betteraves dans toutes nos vallées à terre profonde, dans toutes nos plaines à sol meuble; si l'hectare de terre chez nous rapportait 200 francs tandis qu'il n'en rapporte guère que 80, peut-être pourrions-nous dire : élevons des bœufs Durham, élevons des bœufs pour leur chair seulement, et encore, si notre agriculture en était arrivée à ce point d'amélioration que je viens de signaler, je crois que je ne dirais point : élevons des bœufs Durham, mais je chercherais à prouver qu'il vaut mieux, comme Backewel l'a fait avec les races anglaises, créer avec les races françaises une variété de race propre à fournir vite et abondamment de la chair à bon marché. Nous avons si grand besoin en France de viande à bon marché! plus de la moitié de notre population n'en mange point parce qu'elle est trop chère. Mais, quoique nous fassions, longtemps encore nous aurons pénurie de bétail et nous irons en demander à l'étranger puisque l'agriculture chez nous est en retard et ne comprend pas ses intérêts; parce que généralement les capitaux et l'instruction lui font défaut; parce qu'enfin, comme au temps des empereurs de Rome, nous laissons à des mains vénales le soin de labourer des terres que nous devrions être fiers de cultiver.

C'est une mauvaise chose généralement que de chercher à importer une race étrangère, à moins qu'on ne puisse la mettre exactement dans les mêmes conditions où elle se trouvait dans la contrée où elle s'est formée. Transportez dans la Provence les pommiers de fréquin de Normandie, y récolterez-vous des pommes capables de vous donner du cidre normand? Non; vous ne pouvez, avec les pommiers que vous transplantez, importer le ciel de la vieille Neustrie; le café d'Arabie a-t-il conservé son parfum dans les Antilles? le chien d'Islande, après quelques générations, change de nature dans une contrée moins septentrionale que celle où sa race s'est formée; les bœufs de Fribourg n'ont-ils pas dégénéré en France? amenés en Italie, les dromadaires venus d'Afrique n'ont-ils pas vu leur pelage devenir blanc, leur constitution se modifier? et si vous implantez une race animale faite de toutes pièces par les soins constans de l'homme, les changemens, chez elle, s'opèreront bien plus vite encore. La nature saura bien plus rapidement reprendre son empire sur des êtres anormaux dont l'existence est presque un problême, dont la constitution repose sur une viciation de l'équilibre qui doit exister entre les différentes parties de l'organisme, qu'elle ne pourrait le faire sur une race réelle.

Mais j'ai assez longuement, je crois, discuté les faits que je tenais à prouver; je m'arrête, et pour conclure, je dirai qu'en France, et dans le Poitou plus que partout ailleurs peut-être, où nous avons une si bonne race bovine, nous devons chercher à améliorer par la race elle-même. Nous avons besoin de bœufs pour le travail, notre agriculture ne peut s'en passer; nous avons besoin de bœufs propres à la boucherie : la France n'en a point assez pour sa consommation. Eh bien ! cherchons dans nos taureaux ceux qui présentent les plus belles formes, ne les châtrons point aussi promptement que nous le faisons, et surtout ne les faisons pas servir trop jeunes à la monte. Choisissons pour la saillie les vaches les meilleures laitières, les plus fortes, celles qui, pour les produits qu'elles nous donneront, offrent les conditions que nous devons exiger : viande et travail. Castrons tous les jeunes taureaux mal constitués; rejetons toutes les génisses mal conformées et, après quelques générations, nous arriverons à des résultats inespérés, bien entendu toutefois que nous devrons, pendant que nous nous livrerons à ces améliorations, donner aux élèves que nous ferons des soins plus exacts et une nourriture plus abondante que par le passé. Des soins et de la nourriture dépendent, autant que du bon choix des parens, les avantages immenses auxquels nous devons prétendre. Ainsi donc, à l'œuvre, et, pour commencer : plus de terre en friche, plus de champs en chômage; que les plantes sarclées et les prairies artificielles couvrent nos plaines, nos collines, et remplissent dans toute leur hauteur les rateliers et les auges de nos étables.

DE LA RACE BOVINE,

PAR M. LARCLAUSE.

« Je ne peux admettre, a dit M. Larclause, cette manie de changement, de croisement qui, sous le prétexte de perfectionner nos races bovines, nous porte à acquérir, à grands frais, des taureaux de la race anglaise de Durham ou d'autres races étrangères.

« Je crois que le mieux est de se borner à perfectionner ce qu'on possède, si cette production locale est d'un avantage reconnu dans le pays.

« Il faut donc, avant de recommander l'introduction des races dites perfectionnées, examiner si elles peuvent convenir aux ressources de la contrée qu'on habite, et pour cela considérer et les qualités distinctives de ces races et les besoins et les produits de la contrée qui doit les recevoir.

« Ce point établi, en quoi peut être avantageuse l'introduction de la race de Durham, par exemple?

« Le mérite de cette race est d'être essentiellement propre à l'engraissement. Sa conformation se prête parfaitement à cette destination. L'avoir obtenue est un véritable triomphe pour un pays où le travail du bœuf est compté pour rien, où la richesse agricole consiste surtout en gras pâturages. Sa faible charpente osseuse tout-à-fait en désaccord avec sa lourde constitution charnue, ses membres petits et affaiblis, sa tête *atrophiée* sur un cou mince et ténu, déposent contre son aptitude à tout travail pénible et soutenu.

« Avec cette race nos guérets resteraient sans culture, nos chars sans attelage.

« Est-ce ce qu'il faut à nos fermes, à nos métairies du Poitou, où le bœuf est le fidèle compagnon de tous les travaux du cultivateur?

« Non, sans aucun doute.

« Cette race, d'ailleurs, consomme beaucoup, est très exigente pour les alimens qui lui sont destinés. Elle ne peut vivre et prospérer qu'avec une agriculture perfectionnée : vouloir l'introduire dans nos cultures serait faire marcher l'effet avant la cause.

« Dites aux pays de riches pâturages, aux habitans des terres qui approchent de la Charente-Inférieure et de la Vendée, par exemple, de ces pays de promission, où les bestiaux, pendant les 3/4 de l'année, trouvent dans des marais desséchés et des plus fertiles une abondante nourriture : élevez la race de Durham et livrez-la à la boucherie après l'avoir engraissée... vous aurez bien mérité et d'eux et du pays.

« Mais donner cette race dégénérée à tous nos cultivateurs dans l'état pauvre et misérable de notre agriculture routinière, c'est leur faire un présent funeste s'ils possèdent une race plus précieuse pour eux.

« Or, cette race existe presque partout. Ainsi, le bœuf d'Auvergne dans la Vienne, le bœuf limousin dans l'Angoumois, le bœuf de Gâtine dans les Deux-Sèvres et la

Vendée, me paraissent bien préférables à la race de Durham dans l'état actuel des choses. Toutes ces races sont propres au travail. Avant trois ans elles sont attelées, tracent les sillons, transportent les récoltes, etc.; et, pendant trois ou quatre années, rendent par leur travail d'importans services. Plus tard, elles prennent facilement la graisse, se remplissent de suif, et elles ont parcouru toute leur carrière sans cesser d'être utiles.

« Tout ce qu'on aurait de mieux à faire, et ce qui devrait surtout, selon moi, mériter l'attention du congrès, ce serait de faire, dans ces différentes races, choix de la meilleure; de conseiller, d'encourager une préférence marquée pour elle; de récompenser les peines et les soins de ceux qui auraient le plus fait pour l'améliorer.

« Quelle est la race qui devrait être préférée?

« Sur les marchés de Poissy, demandez quels sont les bœufs que la boucherie estime le plus, en raison de leur graisse, de leur suif, etc., et on vous nommera le bœuf de Cholet.

« Quel est le meilleur travailleur, le plus sobre, le plus infatigable? Tous les cultivateurs nommeront le bœuf de Gâtine, le bœuf de Cholet.

« C'est donc cette race qu'il faudrait améliorer, qu'il faudrait propager. Elle a ce qui distingue la race de Durham, volumineux fanons, développement considérable des parties charnues, facilité à prendre la graisse et donne beaucoup de suif; mais plus précieuse que la race anglaise, elle est facile à nourrir, elle est sobre, elle est pleine de vigueur, et les plus rudes travaux ne la fatiguent pas.

J'estime donc que la race de Durham doit être reléguée dans nos plus riches contrées, où on doit tendre surtout à obtenir de la graisse, et que dans nos pays de culture, avant le temps, du moins, où l'agriculture perfectionnée aura mis à la disposition du cultivateur des produits dont il est loin encore, elle serait une véritable calamité.

« Qu'en attendant cette heureuse époque, on doit se borner à élever et perfectionner la meilleure race indigène. »

M. Sauzeau donne lecture d'une lettre de M. de Caumont, directeur de l'Association normande, qui tient à honneur d'être inscrit au nombre des membres de l'Association Poitevine et Saintongeoise.

M. de Caumont témoigne le regret que des occupations impérieuses le retiennent en Normandie et l'empêchent d'assister à l'inauguration de cette nouvelle Association.

S'il n'est pas présent de fait, au moins il se réunit d'esprit à la réunion, et pour le prouver, il met à la disposition de l'Association, une somme de 200 fr. pour être donnée en prix à celui qui aura dressé le premier la carte agronomique d'un des cinq départemens qui forment le ressort de l'Association.

Il espère que la compagnie ne le refusera pas, d'autant que l'Association Bretonne et celle du Nord ont accepté la même proposition.

L'assemblée accepte avec reconnaissance l'offre de M. de Caumont, qui sera prié de fournir le programme des conditions à remplir pour mériter le prix qu'il met à la disposition de l'Association.

—

Dans la Séance du 25 novembre, M. Sauzeau fait hommage à l'Association poitevine et saintongeoise de l'ouvrage sur l'*Agriculture du Poitou*, qu'il vient de publier

—

ALLOCUTION DE CLÔTURE

De M. le Président.

En déclarant la session close, M. Lary adresse à ses collègues l'allocution suivante :

Messieurs,

Avant de clore vos travaux, qu'il me soit permis de vous faire entendre encore ma voix, non plus pour conduire vos discussions, mais pour vous remercier de l'assistance cordiale que vous avez bien voulu me prêter, parce que vous avez compris qu'elle devait alléger le poids de mes fonctions. Vous avez fait plus : par votre affectueuse concorde, vous avez imprimé à vos débats ce caractère de sincérité, d'élévation qui, seul, peut donner aux décisions d'une assemblée l'autorité de la raison et de la sagesse ; j'en ai l'espérance, le germe que cette première réunion a confié aux soins et aux méditations des réunions futures, se développera sous l'influence protectrice du chaleureux intérêt et des sentimens généreux déployés par les départemens voisins. Ce succès nous est d'avance garanti par l'épreuve que nous venons de faire ; les communications lumineuses que nous devons aux délégués de ces départemens, leur ardent désir de voir se calmer enfin les souffrances de l'Agriculture, leur profonde conviction de l'impuissance des moyens employés jusqu'ici pour guérir ces blessures, tout se réunit pour nous promettre des alliés habiles, dévoués et fidèles; tout annonce à l'Association qui va se fonder une glorieuse destinée, tout semble lui prédire une influence aussi féconde qu'elle est nécessaire sur les progrès de l'art agricole dans nos contrées; tout nous assure aujourd'hui qu'elle poursuivra sans relâche auprès du pouvoir, auprès de nos mandataires, l'adoption de ces mesures réparatrices dont l'absence trop prolongée deviendrait, peut-être pour le pays, une cause de perturbation, parce qu'elle détruirait l'équilibre entre les intérêts divers que la fortune publique doit couvrir d'une égale protection.

Je dois, Messieurs, avant de quitter ce fauteuil que je m'attendais à voir plus dignement occupé, vous faire un aveu que m'inspire, non le désir de flatter qui n'est pas dans mes allures, mais le sentiment profond de la vérité: vous avez dépassé mon attente; les hésitations inséparables de l'application, nouvelle pour nous, de ces idées d'association agricoles si utiles, mais si difficiles à réaliser, la tardive consécration de l'autorité, l'insuffisance bien reconnue du temps laissé à la préparation d'aussi vastes, d'aussi hautes matières, m'avaient sérieusement alarmé sur la fâcheuse influence qu'auraient pu exercer, sur l'avenir de l'Association, des commencemens pénibles, tourmentés et sans résultats réels. Mes craintes étaient exagérées, et je vois aujourd'hui que, dégagée des embarras inévitables d'une douteuse tentative, notre réunion se serait élevée du premier élan au niveau des associations qui l'ont précédée. Les opinions diverses qui se sont produites, tantôt fondées sur une pratique éclairée, tantôt sur une théorie profonde, mais toujours prudemment élaborées, tantôt revêtues des formes les plus élégantes de l'art oratoire, ont étalé devant nos regards surpris les ressources ignorées et inattendues que le pays possède, et dont il peut à bon droit se glorifier. La carrière est désormais ouverte à toutes nos espérances, et, sans être accusés de témérité, nous pouvons prédire avec certitude que le Congrès prochain sera plus digne encore de la reconnaissance de l'Agriculture. La ville de la Rochelle doit bientôt nous réunir dans son sein; préparons-nous à répondre généreusement à l'appel de ces bons voisins, et tous ensemble, réunis sous ces pacifiques étendards, volons à cette conquête nouvelle de la raison sur des habitudes surannées; de la civilisation, sur l'empire de l'ignorance; de la justice, sur les erreurs d'une époque trop mercantile. Efforçons-nous, enfin, de fonder l'ordre social, non sur les éphémères avantages du commerce et de l'industrie qu'un souffle peut compromettre, mais sur cette base large, profonde, immobile de la richesse territoriale toujours féconde, toujours généreuse, malgré les actes multipliés d'ingratitude dont elle est la victime.

ERRATA.

Page 66, lisez : *scinder*, au lieu de : *lucider*.

Page 71, on lit : *M. de la Roulière demande quels ont été les résultats des transformations de poulains limousins dans le Poitou, et s'il est reconnu que ces résultats ont été avantageux. Il demande :* cette phrase doit être ainsi rectifiée : il faut mettre *point et virgule* après le mot *Poitou*, et une *virgule* au lieu d'un *point* après le mot *avantageux*, et un *i bas de casse* au lieu d'un *I majuscule* au mot *Il*.

TABLE.

—

Niort. — Imprimerie de Robin et Cie.

www.ingramcontent.com/pod-product-compliance
Ingram Content Group UK Ltd.
Pitfield, Milton Keynes, MK11 3LW, UK
UKHW021827230726
13924UKWH00015B/1815

9 782014 440010